建筑工人职业技能培训教材

混 凝 土 工

（第二版）

建筑工人职业技能培训教材编委会　组织编写

中国建筑工业出版社

图书在版编目（CIP）数据

混凝土工/建筑工人职业技能培训教材编委会组织编写.
2版.—北京：中国建筑工业出版社，2015.11
建筑工人职业技能培训教材
ISBN 978-7-112-18751-5

Ⅰ.①混… Ⅱ.①建… Ⅲ.①混凝土施工-技术培训-教材
Ⅳ.①TU755

中国版本图书馆 CIP 数据核字（2015）第 268597 号

建筑工人职业技能培训教材

混凝土工

（第二版）

建筑工人职业技能培训教材编委会　组织编写

*

中国建筑工业出版社出版、发行（北京西郊百万庄）
各地新华书店、建筑书店经销
北京红光制版公司制版
北京同文印刷有限责任公司印刷

*

开本：850×1168毫米　1/32　印张：8⅛　字数：218千字
2015 年 12 月第二版　　2016 年 4 月第二十八次印刷
定价：**19.00** 元
ISBN 978-7-112-18751-5
（27840）

本教材是建筑工人职业技能培训教材之一。考虑到混凝土工的特点，按照新版《建筑工程施工职业技能标准》的要求，对混凝土初级工、中级工和高级工应知应会的内容进行了详细讲解，具有科学、规范、简明、实用的特点。

　　本教材适用于混凝土工职业技能培训和自学。

责任编辑：朱首明　李　明　李　阳
责任设计：董建平
责任校对：张　颖　刘　钰

建筑工人职业技能培训教材
编　委　会

主　任：刘晓初

副主任：辛凤杰　　艾伟杰

委　员：（按姓氏笔画为序）

包佳硕　　边晓聪　　杜　珂　　李　孝

李　钊　　李　英　　李小燕　　李全义

李玲玲　　吴万俊　　张囡囡　　张庆丰

张晓艳　　张晓强　　苗云森　　赵王涛

段有先　　贾　佳　　曹安民　　蒋必祥

雷定鸣　　阚咏梅

出 版 说 明

为了提高建筑工人职业技能水平，根据住房和城乡建设部人事司有关精神要求，依据住房和城乡建设部新版《建筑工程施工职业技能标准》（以下简称《职业技能标准》），我社组织中国建筑工程总公司相关专家，对第一版《土木建筑职业技能岗位培训教材》进行了修订，并补充新编了其他常见工种的职业技能培训教材。

第一批教材含新编教材3种：建筑工人安全知识读本（各工种通用）、模板工、机械设备安装工（安装钳工）；修订教材10种：钢筋工、砌筑工、防水工、抹灰工、混凝土工、木工、油漆工、架子工、测量放线工、建筑电工。其他工种教材也将陆续出版。

依据新版《职业技能标准》，建筑工程施工职业技能等级由低到高分为：五级、四级、三级、二级和一级，分别对应初级工、中级工、高级工、技师和高级技师。教材覆盖了五级、四级、三级（初级、中级、高级）工人应掌握的内容。二级、一级（技师、高级技师）工人培训可参考使用。

本套教材按新版《职业技能标准》编写，符合现行标准、规范、工艺和新技术推广的要求，书中理论内容以够用为度，重点突出操作技能的训练要求，注重实用性，力求文字通俗易懂、图文并茂，是建筑工人开展职业技能培训的必备教材，也可供高、中等职业院校实践教学使用。

为不断提高本套教材质量，我们期待广大读者在使用后提出宝贵意见和建议，以便我们改进工作。

中国建筑工业出版社

2015 年 10 月

前　言

本教材依据住房和城乡建设部新版《建筑工程施工职业技能标准》，在第一版《混凝土工》基础上修订完成。

目前，混凝土作为我国建筑业的最主要的结构材料，其施工质量的优劣已直接影响到我国建筑业的发展进程。提高工程施工质量，造就一大批具有高素质、高技能的一线作业层人才是关键，通过培训掌握混凝土施工的新规范、新材料、新技术、新工艺、新施工方法是重要途径。

本教材按科学性、实用性、可读性的原则，理论以够用为度，重点突出操作技能的训练要求，注重实用与实效，尽量做到图文结合，简明扼要，通俗易懂，避免教科书式的理论阐述、公式推导和演算，突出工艺和操作过程。

本教材适用于职业技能五级（初级）、四级（中级）、三级（高级）混凝土工岗位培训和自学使用，也可供二级（技师）、一级（高级技师）混凝土工参考使用。

本教材修订主编由张囡囡、赵泽红担任，由于编写时间仓促，加之编者水平有限，难免存在疏漏和谬误之处，恳请专家和广大读者批评指正。

目　　录

一、建筑识图和房屋构造的基本知识

建筑工程施工图是建造房屋时使用的一套图纸，它能完整准确地表达出建筑物外形轮廓、大小尺寸、结构构造和材料做法，是指导施工的主要依据。建筑工程施工图包含的内容很多，涉及土建混凝土工程施工的图纸有建筑施工图、结构施工图等。看懂这些图纸，既需要一定的理论知识，又要具有实践经验，通过从物体到图样，再从图样到物体的反复练习，才能逐步提高识图能力，才能为搞好工程施工作业打下良好基础。

（一）建筑制图标准

为了做到房屋建筑制图基本统一、清晰简明，保证图面质量，提高制图效率，符合设计、施工、存档等要求，以适应工程建设的需要，制图时必须严格遵守国家颁布的制图标准如《房屋建筑制图统一标准》等。本节主要介绍有关图纸幅面、图线、字体、比例及尺寸标注等内容。

1. 图纸幅面：图纸幅面及图框尺寸，应符合下表 1-1 中相应规定。

图纸幅面及图框尺寸（mm）   表 1-1

幅面代号	A0	A1	A2	A3	A4
$b×1$	841×1189	594×841	420×594	297×420	210×297
c		10		5	
a			25		

需要微缩复制的图纸，其一个边上应附有一段准确米制尺

1

度，四个边上均附有对中标志，米制尺度的总长应为 100mm，分格应为 10mm。对中标志应画在图纸内框各边长的中点处，线宽 0.35mm，应伸入内框边，在框外为 5mm。对中标志的线段，于 l_1 和 b_1 范围取中。

图纸的短边尺寸不应加长，A0～A3 幅面长边尺寸可加长，但应符合表 1-2 规定。

图纸长边加长尺寸（mm） 表 1-2

幅面代号	长边尺寸	长边加长后的尺寸
A0	1189	1486(A0+1/4l)　1635(A0+3/8l)　1783(A0+1/2l) 1932(A0+5/8l)　2080(A0+3/4l)　2230(A0+7/8l) 2378(A0+1l)
A1	841	1051(A1+1/4l)　1261(A1+1/2l)　1471(A1+3/4l) 1682(A1+1l)　1892(A1+5/4l)　2102(A1+3/2)
A2	594	743(A2+1/4l)　891(A2+1/2l)　1041(A2+3/4l) 1189(A2+1l)　1338(A2+5/4l)　1486(A2+3/2l) 1635(A2+7/4l)　1783(A2+2l)　1932(A2+9/4l) 2080(A2+5/2l)
A3	420	650(A3+1/2l)　841(A3+1l)　1051(A3+3/2l) 1261(A3+2l)　1471(A3+5/2l)　1682(A3+3l) 1892(A3+7/2l)

注：有特殊需要的图纸，可采用 $b×l$ 为 841mm×891mm 与 1189mm×1261mm 的幅面。

图纸以短边作为垂直边应为横式，以短边作为水平边应为立式。A0～A3 图纸宜横式使用；必要时，也可立式使用。

一个工程设计中，每个专业所使用的图纸，不宜多于两种幅面，不含目录及表格所采用的 A4 幅面。

2. 标题栏与会签栏

（1）图纸中应有标题栏、图框线、幅面线、装订边线和对中标志。图纸的标题栏及装订边的位置，应符合下列规定：

1）横式使用的图纸，应按图 1-1、图 1-2 的形式进行布置；

2）立式使用的图纸，应按图 1-3、图 1-4 的形式进行布置；

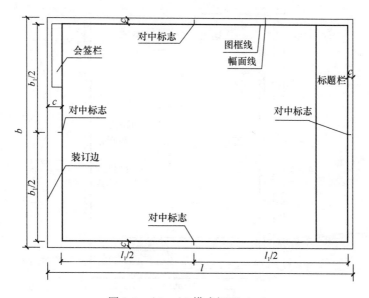

图 1-1　A0～A3 横式幅面（一）

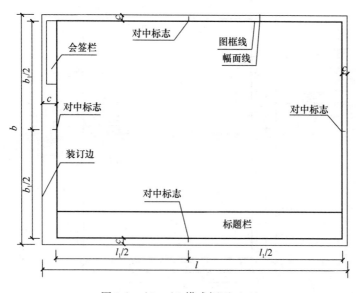

图 1-2　A0～A3 横式幅面（二）

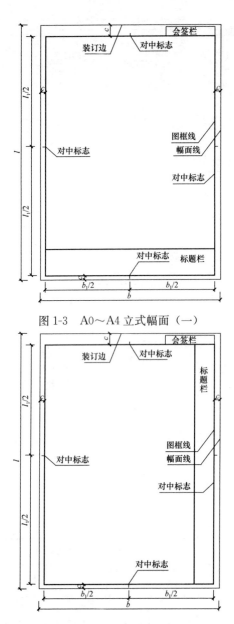

图 1-3　A0～A4 立式幅面（一）

图 1-4　A0～A4 立式幅面（二）

4

（2）标题栏应按图 1-5、图 1-6 所示，根据工程的需要选择确定其尺寸、格式及分区。签字栏应包括实名列和签名列，并应符合下列规定：

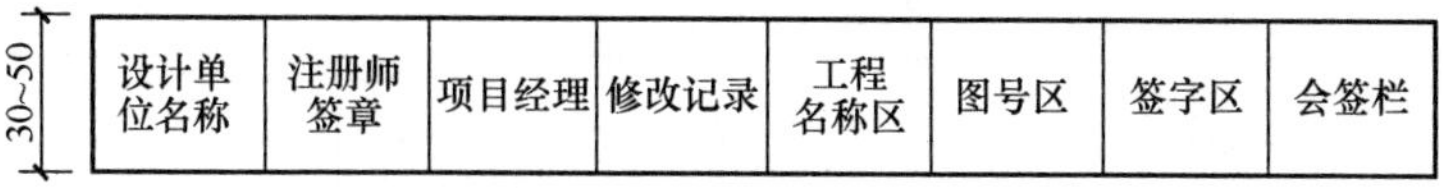

30~50	设计单位名称	注册师签章	项目经理	修改记录	工程名称区	图号区	签字区	会签栏

图 1-5 标题栏（一）

1）涉外工程的标题栏内，各项主要内容的中文下方应附有译文，设计单位的上方或左方，应加"中华人民共和国"字样。

2）在计算机制图文件中当使用电子签名与认证时，应符合国家有关电子签名法的规定。

3. 图纸编排顺序

工程图纸应按专业顺序编排。应为图纸目录、总图、建筑图、结构图、给水排水图、暖通空调图、电气图等。各专业的图纸，应按图纸内容的主次关系、逻辑关系进行分类排序。

4. 图线

（1）图线的宽度 b，宜从 1.4mm、1.0mm、0.7mm、0.5mm、0.35mm、0.25mm、0.18mm、0.13mm 线宽系列中选取。图线宽度不应小于 0.1mm。每个图样，应根据复杂程度与比例大小，先选定基本线宽 b，再选用表 1-3 中相应的线宽组。

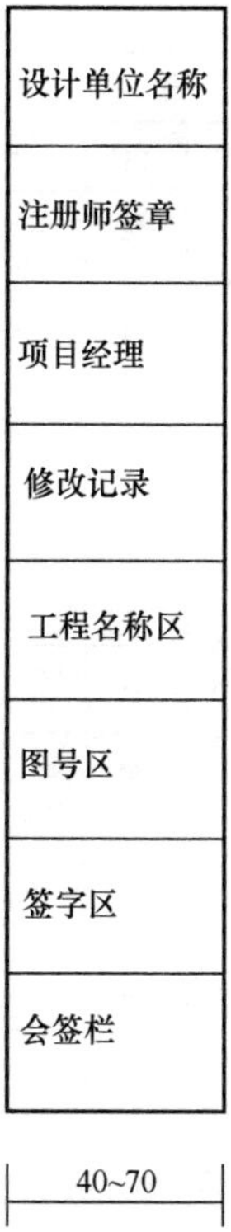

（2）工程建设制图应选用表 1-4 所示的图线。

设计单位名称
注册师签章
项目经理
修改记录
工程名称区
图号区
签字区
会签栏

40~70

图 1-6 标题栏
（二）

线宽组（mm） 表 1-3

线宽比	线　宽　组			
b	1.4	1.0	0.7	0.5
$0.7b$	1.0	0.7	0.5	0.35
$0.5b$	0.7	0.5	0.35	0.25
$0.25b$	0.35	0.25	0.18	0.13

注：1. 需要缩微的图纸，不宜采用 0.18mm 及更细的线宽。

　　2. 同一图纸内，各不同线宽中的细线，可统一采用较细的线宽组的细线。

图线 表 1-4

名　　称		线　型	线宽	一　般　用　途
实线	粗	———————	b	主要可见轮廓线
	中粗	———————	$0.7b$	可见轮廓线
	中	———————	$0.5b$	可见轮廓线、尺寸线、变更云线
	细	———————	$0.25b$	图例填充线、家具线
虚线	粗	– – – – –	b	见各有关专业制图标准
	中粗	– – – – –	$0.5b$	不可见轮廓线
	中	- - - - -	$0.5b$	不可见轮廓线、图例线
	细	- - - - -	$0.25b$	图例填充线、家具线
单点长画线	粗	— · — · —	b	见各有关专业制图标准
	中	— · — · —	$0.5b$	见各有关专业制图标准
	细	— · — · —	$0.25b$	中心线、对称线、轴线等
双点长画线	粗	— ·· — ·· —	b	见各有关专业制图标准
	中	— ·· — ·· —	$0.5b$	见各有关专业制图标准
	细	— ·· — ·· —	$0.25b$	假想轮廓线、成型前原始轮廓线
折断线	细	——〜/\———	$0.25b$	断开界线
波浪线	细	〜〜〜	$0.25b$	断开界线

（3）同一张图纸内，相同比例的各图样，应选用相同的线宽组。

（4）图纸的图框和标题栏线，可采用表 1-5 的线宽。

图框线、标题栏线的宽度（mm）　　　　表 1-5

幅面代号	图框线	标题栏外框线	标题栏分格线
A0、A1	b	$0.5b$	$0.25b$
A2、A3、A4	b	$0.7b$	$0.35b$

（5）相互平行的图例线，其净间隙或线中间隙不宜小于 0.2mm。

（6）虚线、单点长画线或双点长画线的线段长度和间隔，宜各自相等。

（7）单点长画线或双点长画线，当在较小图形中绘制有困难时，可用实线代替。

（8）单点长画线或双点长画线的两端，不应是点。点画线与点画线交接点或点画线与其他图线交接时，应是线段交接。

（9）虚线与虚线交接或虚线与其他图线交接时，应是线段交接。虚线为实线的延长线时，不得与实线相接。

（10）图线不得与文字、数字或符号重叠、混淆，不可避免时，应首先保证文字的清晰。

5. 字体

（1）图纸上所需书写的文字、数字或符号等，均应笔画清晰、字体端正、排列整齐；标点符号应清楚正确。

（2）文字的字高，应从表 1-6 中选用。字高大于 10mm 的文字宜采用 TRUETYPE 字体，如需书写更大的字，其高度应按 2 的倍数递增。

文字的字高（mm）　　　　表 1-6

字体种类	中文矢量字体	TRUETYPE 字体及非中文矢量字体
字高	3.5、5、7、10、14、20	3、4、6、8、10、14、20

（3）图样及说明中的汉字，宜采用长仿宋体（矢量字体）或黑体，同一图纸字体种类不应超过两种。长仿宋体的宽度与高度的关系应符合表1-7的规定，黑体字的宽度与高度应相同。大标题、图册封面、地形图等的汉字，也可书写成其他字体，但应易于辨认。

长仿宋字高宽关系（mm） 表1-7

字高	20	14	10	7	5	3.5
字宽	14	10	7	5	3.5	2.5

（4）汉字的简化字书写应符合国家有关汉字简化方案的规定。

（5）图样及说明中的拉丁字母、阿拉伯数字与罗马数字，宜采用单线简体或ROMAN字体。拉丁字母、阿拉伯数字与罗马数字的书写规则，应符合表1-8的规定。

拉丁字母、阿拉伯数字与罗马数字的书写规则 表1-8

书写格式	字 体	窄 字 体
大写字母高度	h	h
小写字母高度（上下均无延伸）	$7/10h$	$10/14h$
小写字母伸出的头部或尾部	$3/10h$	$4/14h$
笔画宽度	$1/10h$	$1/14h$
字母间距	$2/10h$	$2/14h$
上下行基准线的最小间距	$15/10h$	$21/14h$
词间距	$6/10h$	$6/14h$

（6）拉丁字母、阿拉伯数字与罗马数字，如需写成斜体字，其斜度应是从字的底线逆时针向上倾斜75°斜体字的高度和宽度应与相应的直体字相等。

（7）拉丁字母、阿拉伯数字与罗马数字的字高，不应小于2.5mm。

（8）数量的数值注写，应采用正体阿拉伯数字。各种计量单位凡前面有量值的，均应采用国家颁布的单位符号注写。单位符号应采用正体字母。

（9）分数、百分数和比例数的注写，应采用阿拉伯数字和数学符号。

（10）当注写的数字小于1时，应写出各位的"0"，小数点应采用圆点，齐基准线书写。

（11）长仿宋汉字、拉丁字母、阿拉伯数字与罗马数字示例应符合国家现行标准《技术制图　字体》GB/T 14691—1993的有关规定。

6. 比例

（1）图样的比例，应为图形与实物相对应的线性尺寸之比。

（2）比例的符号为"："，比例应以阿拉伯数字表示。

（3）比例宜注写在图名的右侧，字的基准线应取平；比例的字高宜比图名的字高小一号或二号（图1-7）。

平面图 1:100　　　⑥ 1:20

图1-7　比例的注写

（4）绘图所用的比例应根据图样的用途与被绘对象的复杂程度，从表1-9中选用，并应优先采用表中常用比例。

绘图所用的比例　　　　　　　　　　　表1-9

常用比例	1：1、1：2、1：5、1：10、1：20、1：30、1：50、1：100、1：150，1：200、1：500、1：1000、1：2000
可用比例	1：3、1：4、1：6、1：15、1：25、1：40、1：60、1：80、1：250，1：300、1：400、1：600、1：5000、1：10000、1：20000、1：50000，1：100000、1：200000

（5）一般情况下，一个图样应选用一种比例。根据专业制图需要，同一图样可选用两种比例。

（6）特殊情况下也可自选比例，这时除应注出绘图比例外，还必须在适当位置绘制出相应的比例尺。

7. 符号

（1）剖切符号

1）剖视的剖切符号应由剖切位置线及剖视方向线组成，均应以粗实线绘制。剖视的剖切符号应符合下列规定：

①剖切位置线的长度宜为 6～10mm；剖视方向线应垂直于剖切位置线，长度应短于剖切位置线，宜为 4～6mm（图 1-8），也可采用国际统一和常用的剖视方法，如图 1-9。绘制时，剖视剖切符号不应与其他图线相接触。

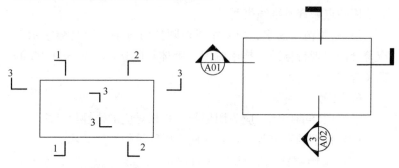

图 1-8　剖视的剖切符号（一）　　　图 1-9　剖视的剖切符号（二）

②剖视剖切符号的编号宜采用粗阿拉伯数字，按剖切顺序由左至右、由下向上连续编排，并应注写在剖视方向线的端部；

③要转折的剖切位置线，应在转角的外侧加注与该符号相同的编号。

④局部剖面图（不含首层）的剖切符号应注在包含剖切部位的最下面一层的平面图上。

2）断面的剖切符号应符合下列规定：

①断面的剖切符号应只用剖切位置线表示，并应以粗实线绘制，长度宜为 6～10mm。

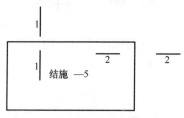

图 1-10　断面的剖切符号

②断面剖切符号的编号宜采用阿拉伯数字，按顺序连续编排，并应注写在剖切位置线的一侧；编号所在的一侧应为该断面的剖视方向（图 1-10）。

③剖面图或断面图，如与

被剖切图样不在同一张图内，应在剖切位置线的另一侧注明其所在图纸的编号，也可以在图上集中说明。

（2）索引符号与详图符号

1）图样中的某一局部或构件，如需另见详图，应以索引符号索引（图1-11a）。索引符号是由直径为8～10mm的圆和水平直径组成，圆及水平直径应以细实线绘制。索引符号应按下列规定编写：

①索引出的详图，如与被索引的详图同在一张图纸内，应在索引符号的上半圆中用阿拉伯数字注明该详图的编号，并在下半圆中间画一段水平细实线（图1-11b）。

②索引出的详图，如与被索引的详图不在同一张图纸内，应在索引符号的上半圆中用阿拉伯数字注明该详图的编号，在索引符号的下半圆用阿拉伯数字注明该详图所在图纸的编号（图1-11c）。数字较多时，可加文字标注。

③索引出的详图，如采用标准图，应在索引符号水平直径的延长线上加注该标准图册的编号（图1-11d）。需要标注比例时，文字在索引符号右侧或延长线下方，与符号下对齐。

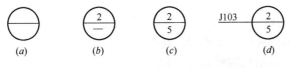

图1-11　索引符号

2）索引符号如用于索引剖视详图，应在被剖切的部位绘制剖切位置线，并以引出线引出索引符号，引出线所在的一侧应为剖视方向。索引符号的编写同上条的规定（图1-12）。

3）零件、钢筋、杆件、设备等的编号直径宜以5～6mm的细实线圆表示，同一图样应保持一致，其编号应用阿拉伯数字按顺序编写（图1-13）。消火栓、配电箱、管井等的索引符号，直径宜以4～6mm为宜。

4）图的位置和编号，应以详图符号表示。详图符号的圆应

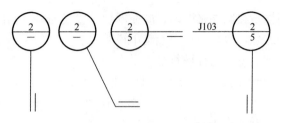

图 1-12 用于索引剖面详图的索引符号

以直径为 14mm 粗实线绘制。

详图应按下列规定编号：

①详图与被索引的图样同在一张图纸内时，应在详图符号内用阿拉伯数字注明详图的编号（图 1-14）。

图 1-13 零件、杆
件的编号

图 1-14 与被索引出
的图样在同一张图样
的详图符号

②详图与被索引的图样不在同一张图纸内时，应用细实线在详图符号内画一水平直径，在上半圆中注明详图编号，在下半圆中注明被索引的图纸的编号如图 1-15 所示。

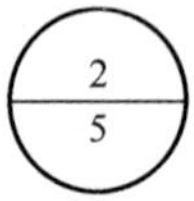

（3）引出线

图 1-15 与
被索引出的
图样不在同
一张图样的
详图符号

1）引出线应以细实线绘制，宜采用水平方向的直线、与水平方向成 30°、45°、60°、90°的直线，或经上述角度再折为水平线。文字说明宜注写在水平线的上方（图 1-16a），也可注写在水平线的端部（图 1-16b）。索引详图的引出线，应与水平直径线相连接（图 1-16c）。

2）同时引出的几个相同部分的引出线，宜互相平行（图 1-17a），也可画成集中于一点的放射线（图 1-17b）。

图 1-16　引出线

3）多层构造或多层管道共用引出线，应通过被引出的各层，并用圆点示意对应各层次。文字说明宜注写在水平线的上

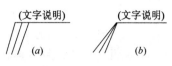

图 1-17　共同引出线

方，或注写在水平线的端部，说明的顺序应由上至下，并应与被说明的层次对应一致；如层次为横向排序，则由上至下的说明顺序应与由左至右的层次对应一致（图 1-18）。

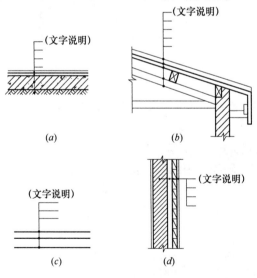

图 1-18　多层共用引出线

（4）其他符号

1）对称符号。对称符号由对称线和两端的两对平行线组成。对称线用细单点长画线绘制；平行线用细实线绘制，其长度宜为

6～10mm，每对的间距宜为 2～3mm；对称线垂直平分于两对平行线，两端超出平行线宜为 2～3mm（图1-19）。

2）连接符号。连接符号应以折断线表示需连接的部位。两部位相距过远时，折断线两端靠图样一侧应标注大写拉丁字母表示连接编号。两个被连接的图样应用相同的字母编号（图1-20）。

图 1-19 对称符号

3）指北针。指北针的形状符合图 1-21 的规定，其圆的直径宜为 24mm，用细实线绘制；指针尾部的宽度宜为 3mm，指针头部应注"北"或"N"字。需用较大直径绘制指北针时，指针尾部的宽度宜为直径的 1/8。

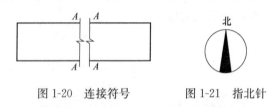

图 1-20　连接符号　　　图 1-21　指北针

4）对图纸中局部变更部分宜采用云线，并宜注明修改版次（图1-22）。

8. 定位轴线

（1）定位轴线应用细单点长画线绘制。

（2）定位轴线应编号，编号应注写在轴线端部的圆内。圆应用细实线绘制，直径为8～10mm。定位轴线圆的圆心应在定位轴线的延长线或延长线的折线上。

图 1-22　变更云线
1—修改次数

（3）除较复杂需采用分区编号或圆形、折线形外，一般平面上定位轴线的编号，宜标注在图样的下方或左侧。横向编号应用阿拉伯数字，从左至右顺序编写；竖向编号应用大写拉丁字母，从下至上顺序编写（图1-23）。

（4）拉丁字母作为轴线号时，应全部采用大写字母，不应用同一个字母的大小写来区分轴线号。拉丁字母的 I、O、Z 不得用做轴线编号。当字母数量不够使用，可增用双字母或单字母加数字注脚。

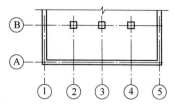

图 1-23 定位轴线的编号顺序

（5）组合较复杂的平面图中定位轴线也可采用分区编号（图1-24）。编号的注写形式应为"分区号-该分区编号"。"分区号-该分区编号"采用阿拉伯数字或大写拉丁字母表示。

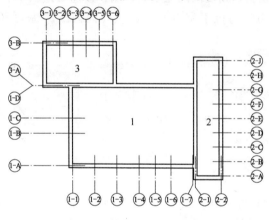

图 1-24 定位轴线的分区编号

（6）附加定位轴线的编号，应以分数形式表示，并应符合下列规定：

1）两根轴线的附加轴线，应以分母表示前一轴线的编号，分子表示附加轴线的编号。编号宜用阿拉伯数字顺序编写；

2）1 号轴线或 A 号轴线之前的附加轴线的分母应以 01 或 0A 表示。

（7）一个详图适用于几根轴线时，应同时注明各有关轴线的编号（图1-25）。

（8）用详图中的定位轴线，应只画圆，不注写轴线编号。

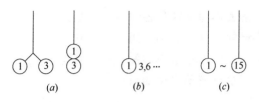

图 1-25　详图的轴线编号

（9）圆形与弧形平面图中的定位轴线，其径向轴线应以角度进行定位，其编号宜用阿拉伯数字表示，从左下角或−90°（若径向轴线很密，角度间隔很小）开始，按逆时针顺序编写；其环向轴线宜用大写拉丁字母表示，从外向内顺序编写（图 1-26、图 1-27）。

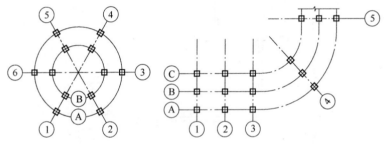

图 1-26　圆形平面图定位
　　　　轴线的编号

图 1-27　弧形平面图定位
　　　　轴线的编号

（10）折线形平面图中定位轴线的编号可按图 1-28 所示的形式编写。

9. 尺寸标注

（1）尺寸界线、尺寸线及尺寸起止符号

1）图样上的尺寸，包括尺寸界线、尺寸线、尺寸起止符号和尺寸数字（图 1-29）。

2）尺寸界线应用细实线绘制，一般应与被注长度垂直，其一端应离开图样轮廓线不应小于 2mm，另一端宜超出尺寸线 2～3mm。图样轮廓线可用作尺寸界线（图 1-30）。

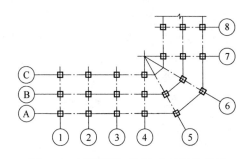

图 1-28 折线形平面图定位轴线的编号

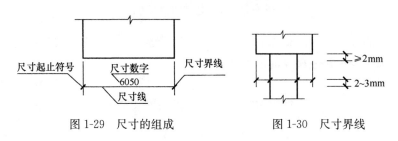

图 1-29 尺寸的组成

图 1-30 尺寸界线

3）尺寸线应用细实线绘制，应与被注长度平行。图样本身的任何图线均不得用作尺寸线。

4）尺寸起止符号一般用中粗斜短线绘制，其倾斜方向应与尺寸界线成顺时针 45°角，长度宜为 2～3mm。半径、直径、角度与弧长的尺寸起止符号，宜用箭头表示（图 1-31）。

（2）尺寸数字

1）图样上的尺寸，应以尺寸数字为准，不得从图上直接量取。

2）图样上的尺寸单位，除标高及总平面以米为单位外，其他必须以毫米为单位。

3）尺寸数字的方向，应按图 1-32（a）的规定注写。若尺寸数字在 30°斜线区内，也可按图 1-32（b）的形式注写。

图 1-31 箭头尺寸
起止符号

4）尺寸数字一般应依据其方向注写在靠近尺寸线的上方中部。如没有足够的注写位置，最外边的尺寸数字可注写在尺寸界

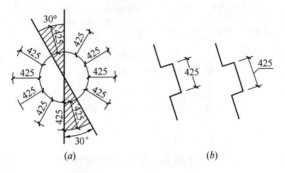

图 1-32　尺寸数字的注写方向

线的外侧，中间相邻的尺寸数字可上下错开注写，引出线端部用圆点表示标注尺寸的位置（图 1-33）。

图 1-33　尺寸数字的注写位置

（3）尺寸的排列与布置

1）尺寸宜标注在图样轮廓以外，不宜与图线、文字及符号等相交（图 1-34）。

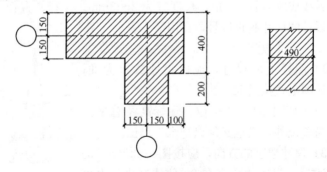

图 1-34　尺寸数字的注写

2）互相平行的尺寸线，应从被注写的图样轮廓线由近向远整齐排列，较小尺寸应离轮廓线较近，较大尺寸应离轮廓线较远

（图 1-35）。

3）图样轮廓线以外的尺寸界线，距图样最外轮廓之间的距离，不宜小于 10mm。平行排列的尺寸线的间距，宜为 7～10mm，并应保持一致（图 1-35）。

4）总尺寸的尺寸界线应靠近所指部位，中间的分尺寸的尺寸界线可稍短，但其长度应相等（图 1-35）。

（4）半径、直径、球的尺寸标注

1）半径的尺寸线应一端从圆心开始，另一端画箭头指向圆弧。半径数字前应加注半径符号"R"（图 1-36）。

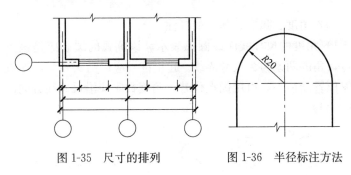

图 1-35　尺寸的排列　　　图 1-36　半径标注方法

2）较小圆弧的半径，可按图 1-37 形式标注。

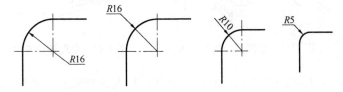

图 1-37　小圆弧半径的标注方法

3）较大圆弧的半径，可按图 1-38 形式标注。

4）标注圆的直径尺寸时，直径数字前应加直径符号"ϕ"。在圆内标注的尺寸线应通过圆心，两端画箭头指至圆弧（图 1-39）。

5）较小圆的直径尺寸，可标注在圆外（图 1-40）。标注球的半径尺寸时，应在尺寸前加注符号"SR"。标注球的直径尺寸时，应在尺寸数字前加注符号"S∮"。注写方法与圆弧半径和圆直径的尺寸标注方法相同。

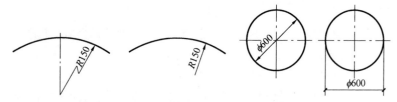

图 1-38　大圆弧半径的标注方法　　　图 1-39　圆直径的标注方法

（5）角度、弧度、弧长的标注

1）角度的尺寸线应以圆弧表示。该圆弧的圆心应是该角的顶点，角的两条边为尺寸界线。起止符号应以箭头表示，如没有足够位置画箭头，可用圆点代替，角度数字应沿尺寸线方向注写（图 1-41）。

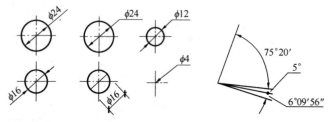

图 1-40　小圆直径的标注方法　　　图 1-41　角度标注方法

2）标注圆弧的弧长时，尺寸线应以与该圆弧同心的圆弧线表示，尺寸界线应指向圆心，起止符号用箭头表示，弧长数字上方应加注圆弧符号"⌒"（图 1-42）。

3）标注圆弧的弦长时，尺寸线应以平行于该弦的直线表示，尺寸界线应垂直于该弦，起止符号用中粗斜短线表示（图 1-43）。

（6）薄板厚度、正方形、坡度、非圆曲线等尺寸标注

1）在薄板板面标注板厚尺寸时，应在厚度数字前加厚度符号"t"（图 1-44）。

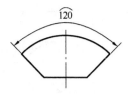 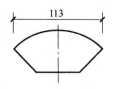

图 1-42　弧长标注方法　　　　图 1-43　弦长标注方法

2) 标注正方形的尺寸，可用"边长×边长"的形式，也可在边长数字前加正方形符号"□"（图 1-45）。

3) 标注坡度时，应加注坡度符号"←"（图 1-46*a*、*b*），该符号为单面箭头，箭头应指向下坡方向。坡度也可用直角三角形形式标注（图 1-46*c*）。

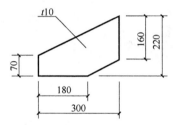 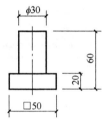

图 1-44　薄板厚度标注方法　　　图1-45　标注正方形尺寸

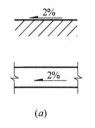 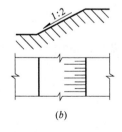 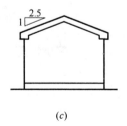

　　（*a*）　　　　　　　　（*b*）　　　　　　　　（*c*）

图 1-46　坡度标注方法

4) 外形为非圆曲线的构件，可用坐标形式标注尺寸（图 1-47）。

5) 复杂的图形，可用网格形式标注尺寸（图 1-48）。

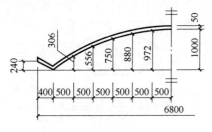 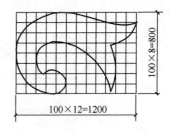

图 1-47　坐标法标注曲线尺寸　　　　图 1-48　网格法标注曲线尺寸

（7）尺寸的简化标注

1）杆件或管线的长度，在单线图（桁架简图、钢筋简图、管线简图）上，可直接将尺寸数字沿杆件或管线的一侧注写（图1-49）。

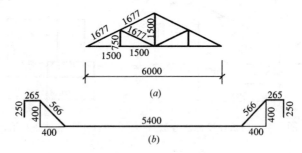

图 1-49　单线图尺寸标注方法

2）连续排列的等长尺寸，可用"等长尺寸×个数＝总长"的形式标注（图1-50）。

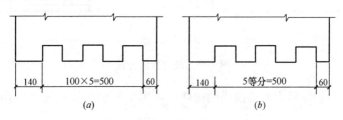

图 1-50　等长尺寸简化标注方法

3）构配件内的构造因素（如孔、槽等）如相同，可仅标注其中一个要素的尺寸（图 1-51）。

4）对称构配件采用对称省略画法时，该对称构配件的尺寸线应略超过对称符号，仅在尺寸线的一端画尺寸起止符号，尺寸数字应按整体全尺寸注写，其注写位置宜与对称符号对齐（图 1-52）。

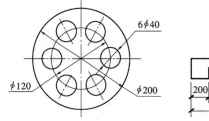 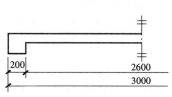

图 1-51　相同要素尺寸标注方法　　图 1-52　对称构件尺寸标注方法

5）两个构配件，如个别尺寸数字不同，可在同一图样中将其中一个构配件的不同尺寸数字注写在括号内，该构配件的名称也应注写在相应的括号内（图 1-53）。

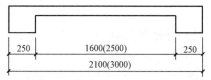

图 1-53　相似构件尺寸标注方法

6）数个构配件，如仅某些尺寸不同，这些有变化的尺寸数字，可用拉丁字母注写在同一图样中，另列表格写明其具体尺寸（图 1-54）。

（8）标高

1）标高符号应以直角等腰三角形表示，按图 1-55（*a*）所示形式用细实线绘制，如标注位置不够，也可按图 1-55（*b*）所示形式绘制。标高符号的具体画法如图 1-55（*c*）、（*d*）所示。

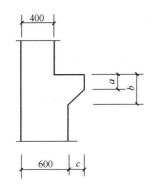

构件编号	a	b	c
Z–1	200	200	200
Z–2	250	450	200
Z–3	200	450	250

图 1-54 相似构配件尺寸表格式标注方法

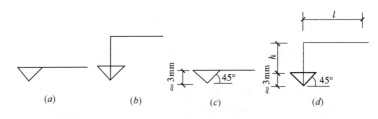

图 1-55 标高符号

l—取适当长度注写标高数字；h—根据需要取适当高度

2）总平面图室外地坪标高符号，宜用涂黑的三角形表示，具体画法如图 1-56 所示。

3）标高符号的尖端应指至被注高度的位置。尖端宜向下，也可向上。标高数字应注写在标高符号的上侧或下侧（图 1-57）。

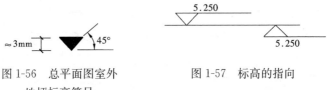

图 1-56 总平面图室外
地坪标高符号

图 1-57 标高的指向

4）标高数字应以米为单位，注写到小数点以后第三位。在总平面图中，可注写到小数字点以后第二位。

5) 零点标高应注写成±0.000，正数标高不注"＋"，负数标高应注"－"，例如 3.000、－0.600。

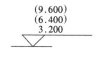

6) 在图样的同一位置需表示几个不同标高时，标高数字可按图 1-58 的形式注写。

图 1-58　同一位置注写多个标高数字

（二）房屋建筑图的基本知识

1. 概述

将一幢拟建房屋的内外形状和大小，以及各部分的结构、构造、装修、设备等内容，按照"国标"的规定，用投影法，详细准确地画出的图样，称为房屋建筑图。它是用以指导施工的一套图纸，所以又称为施工图。

（1）房屋的组成及其作用

无论工业建筑还是民用建筑基本上是由基础、墙或柱、楼地层、楼梯、屋顶、门窗等主要部分组成的，如图 1-59 所示。

1）基础：基础是房屋最下面的部分，埋在自然地面以下，它承受房屋的全部荷载，并把这些荷载传给它下面的土层地基。基础是房屋的重要组成部分，要求它坚固、稳定、能经受冰冻和地下水及其所含化学物质的侵蚀。基础的形式和材料是根据现场地基的情况和上部结构的构造情况进行设计的。按结构的受力形式分为刚性基础（如砖基础、毛石基础、素混凝土基础）和柔性基础（钢筋混凝土基础）。钢筋混凝土基础若按构造形式分，有条形基础、独立基础、筏板基础、箱形基础、桩基础（参见图 1-60）等。

2）墙或柱：墙或柱是房屋的垂直承重构件，它承受楼地层和屋顶传给它的荷载，并把这些荷载传给基础。墙不仅是一个承重构件，它同时也是房屋的围护结构：外墙阻隔雨水、风雪、寒暑对室内的影响；内墙把室内空间分隔为房间，避免相互干扰。

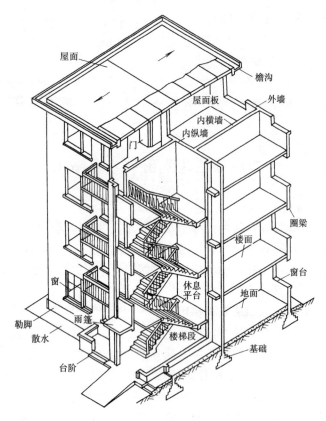

图 1-59　房屋的组成

当用柱作为房屋的承重构件时，填充在柱间的墙仅起围护作用。墙和柱应该坚固、稳定，墙还应能保温隔热隔声和防水。

3）楼地层：楼地层是房屋的水平承重和分隔构件，它包括楼板和地面两部分。楼板把建筑空间划分为若干层，将其所承受的荷载传给墙或柱。楼板支承在墙上，对墙也有水平支撑作用。地面直接承受各种使用荷载，它在楼层把荷载传给楼板，在首层把荷载传给它下面的地基。要求楼地层应具有一定的强度和刚度，并应有一定的隔声能力和耐磨性。

4）楼梯：楼梯是楼房建筑中联系上下各层的垂直交通设施。

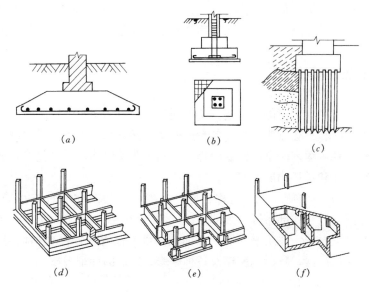

图 1-60　建筑物钢筋混凝土基础的构造形式

（*a*）墙下条形基础；（*b*）柱下独立基础；（*c*）桩基础；（*d*）井格式基础；
（*e*）筏式基础；（*f*）箱形基础

在平时供人们上下楼，在处于火灾、地震等事故状态时供人们紧急疏散。要求楼梯坚固、安全和有足够的通行能力。

　　5）屋顶：屋顶是房屋顶部的承重和围护部分，它由屋面、承重结构和保温（隔热）层三部分组成。屋面的作用是阻隔雨水、风雪对室内的影响，并将雨水排除。承重结构则承受屋顶的全部荷载，并把这些荷载传给墙或柱。保温（隔热）层的作用是防止冬季室内热量散失（夏季太阳辐射热进入室内）。要求屋顶保温（隔热）、防水、排水，它的承重结构应有足够的强度和刚度。

　　6）门和窗：门是供人们进出房屋和房间及搬运家具、设备的建筑配件。在遇有非常灾害时，人们要经过门进行紧急疏散。有的门还兼有采光和通风的作用。门应有足够的宽度和高度。窗的作用是采光、通风和眺望。门和窗安装在墙上，因而是房屋维护结构的组成部分。依所在位置不同，分别要求它们防水、防风沙、保温和隔声。房屋除上述基本组成部分外，还有一些其他配件和设施，如雨篷、散水坡、勒脚、防潮层、通风道、烟道、垃圾道、壁橱等。

（2）施工图的种类

房屋施工图由于专业分工不同，一般分为建筑施工图、结构施工图和水暖电施工图。各专业图纸中又分为基本图和详图两部分。基本图表明全局性的内容，详图表明某些构件或某些局部详细尺寸和材料构成等。

1）建筑施工图（简称建施）主要表示建筑物的总体布局、外部造型、内部布置、细部构造、装修和施工要求等。基本图包括总平面图、建筑平面图、立面图和剖面图等；详图包括墙身、楼梯、门窗、厕所、屋檐及各种装修、构造的详细做法。

2）结构施工图（简称结施）主要表示承重结构的布置情况、构件类型及构造和做法等。基本图包括基础图、柱网平面布置图、楼层结构平面布置图、屋顶结构平面布置图等。构件图（即详图）包括柱、梁、楼板、楼梯、雨篷等。

3）给水、排水、供暖、通风、电气等专业施工图（亦可统称它们为设备施工图）简称分别是水施、暖施、电施等，它们主要表示管道（或电气线路）与设备的布置和走向、构件做法和设备的安装要求等。这几个专业的共同点是基本图都是由平面图、轴测系统图或系统图所组成，比较详细的有构件配件制作或安装图。

上述施工图，都应在图纸标题栏注写上自身的简称与图号，如"建施1"、"结施1"等。

一套房屋施工图纸的编排顺序是：图纸目录、设计技术说明、总平面图、建筑施工图、结构施工图、水暖电施工图等。各工种图纸的编排一般是全局性图纸在前，表达局部的图纸在后；先施工的在前，后施工的在后。

图纸目录（首页图）主要说明该工程是由哪几个专业图纸所

组成，各专业图纸的名称、张数和图号顺序。

设计技术说明主要是说明工程的概貌和总的要求。包括工程设计依据、设计标准、施工要求等。

一般中小型工程，常把图纸目录设计技术说明和总平面图画在一张图纸内。

（3）房屋建筑图的特点

1）施工图中的各种图样，除了水暖施工图中水暖管道系统图是用斜投影法绘制的之外，其余的图样都是用正投影法绘制的。

2）由于房屋的形体庞大而图纸幅面有限，所以施工图一般是用缩小比例绘制的。

3）由于房屋是用多种构、配件和材料建造的，所以施工图中，多用各种图例符号来表示这些构、配件和材料。

4）房屋设计中有许多建筑物、配件已有标准定型设计、并有标准设计图集可供使用。为了节省大量的设计与制图工作，凡采用标准定型设计之处，只要标出标准图集的编号、页数、图号就可以了。

（4）识读房屋建筑图的方法

房屋建筑图是用投影原理和各种图示方法综合应用绘制的。所以，识读房屋建筑图，必须具备一定的投影知识、掌握形体的各种图示方法和建筑制图标准的有关规定，要熟记建筑图中常用的图例、符号、线型、尺寸和比例的意义，要具有房屋构造的有关知识。

一般识读房屋建筑图的方法步骤是：

1）查看图纸目录和设计技术说明。通过图纸目录看各专业施工图纸有多少张，图纸是否齐全；看设计技术说明，对工程在设计和施工要求方面有一个概括的了解。

2）依照图纸顺序通读一遍。对整套图纸按先后顺序通读一遍，对整个工程在头脑中形成概念。如工程的建设地点和周围地形、地貌情况、建筑物的形状、结构情况及工程体量大小、建筑物的主要特点和关键部位等情况，做到心中有数。

3）分专业对照阅读，按专业次序深入仔细地阅读。先读基本图，再读详图。读图时，要把有关图纸联系一起对照着读，从中了解它们之间的关系，建立起完整准确的工程概念。再把各专业图纸（如建筑施工图与结构施工图）联系在一起对照着读，看它们在图形上和尺寸上是否衔接、构造要求是否一致。发现问题要做好读图记录，以便会同设计单位提出修改意见。

可见，读图的过程也是检查复核图纸的过程，所以读图时必须认真细致不可粗心大意。

2. 钢筋混凝土结构基本知识和图示方法

（1）混凝土结构

混凝土结构是指以混凝土为主制成的结构，包括素混凝土结构、钢筋混凝土结构和预应力混凝土结构等。

素混凝土结构是指无筋或不配置受力钢筋的混凝土结构。

钢筋混凝土结构是指配置受力的普通钢筋、钢筋网或钢筋骨架的混凝土结构。

预应力混凝土结构是指配置受力的预应力筋，通过张拉或其他方法建立预加应力的混凝土结构。

素混凝土的抗压强度较高，但抗拉的强度较低，容易受拉而断裂。而钢筋与混凝土的结合大大提高结构的承载力并使结构的受力性能得到改善。从图 1-61 素混凝土梁与钢筋混凝土梁的受力比较中可以看出。

（2）钢筋混凝土构件

用钢筋混凝土捣制成的梁、板、柱、基础等构件，称为钢筋混凝土构件。在现场原位支模并整体浇筑而成的混凝土结构称为现浇钢筋混凝土构件。在工厂（或工地）预先把构件制作好，然后运到工地安装的构件称为预制钢筋混凝土构件。在制作构件时通过张拉钢筋对混凝土预加一定的压力，以提高构件的抗拉和抗裂性能，称为预应力钢筋混凝土构件。房屋结构的基本构件，如梁、板、柱等，种类繁多，布置复杂，为了图示简明扼要，并把

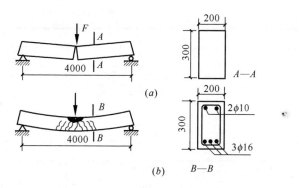

图 1-61　梁受力比较图

(a) 素混凝土梁；(b) 钢筋混凝土梁

构件区分清楚，便于施工、制表、查阅，常用构件的编号一般由类型代号和序号组成，根据 11G101 整理出常用的构件代号见下表。

常用构件代号　　　　　　　　　　表 1-10

序号	名称	代号
1	框架柱	KZ
2	框支柱	KZZ
3	芯柱	XZ
4	梁上柱	LZ
5	剪力墙上柱	QZ
6	约束边缘构件	YBZ
7	构造边缘构件	GBZ
8	非边缘暗柱	AZ
9	扶壁柱	FBZ
10	连梁	LL
11	连梁（对角暗撑配筋）	LL（JC）
12	连梁（交叉斜筋配筋）	LL（JX）
13	连梁（集中对角斜筋配筋）	LL（DX）
14	暗梁	AL
15	边框梁	BKL

序号	名称	代号
16	楼层框架梁	KL
17	屋面框架梁	WKL
18	框支梁	KZL
19	非框架梁	L
20	悬挑梁	XL
21	井字梁	JZL
22	楼面板	LB
23	屋面板	WB
24	悬挑板	XB
25	柱上板带	ZSB
26	跨中板带	KZB
27	暗梁	AL
28	普通独立基础（阶形）	DJ_J
29	普通独立基础（坡形）	DJ_P
30	杯口独立基础（阶形）	BJ_J
31	杯口独立基础（坡形）	BJ_P
32	基础梁	JL
33	条形基础底板（坡形）	TJB_P
34	条形基础底板（阶形）	TJB_J
35	基础主梁（柱下）	JL
36	基础次梁	JCL
37	梁板筏基础平板	LPB
38	柱下板带	ZXB
39	跨中板带	KZB
40	平板筏基础平板	BPB
41	独立承台（阶形）	CT_J
42	独立承台（坡形）	CT_P
43	承台梁	CTL
44	基础联系梁	JLL
45	后浇带	HJD
46	上柱墩	SZD

序号	名称	代号
47	下柱墩	XZD
48	基坑（沟）	JK
49	窗井墙	CJQ

（3）混凝土

设计使用年限为 50 年的混凝土结构，其混凝土材料宜符合表 1-11 的规定。

结构混凝土材料的耐久性基本要求　　　　　表 1-11

环境等级	最大水胶比	最低强度等级	最大氯离子含量（％）	最大碱含量（kg/m³）
一	0.60	C20	0.30	不限制
二 a	0.55	C25	0.20	3.0
二 b	0.50（0.55）	C30（C25）	0.15	3.0
三 a	0.45（0.50）	C35（C30）	0.15	3.0
三 b	0.40	C40	0.10	3.0

表 1-11 中的环境等级如表 1-12 所示。

混凝土结构的环境类别　　　　　表 1-12

环境类别	条件
一	室内干燥环境； 无侵蚀性静水浸没环境
二 a	室内潮湿环境； 非严寒和非寒冷地区的露天环境； 非严寒和非寒冷地区与无侵蚀性的水或土壤直接接触的环境； 严寒和寒冷地区的冰冻线以下与无侵蚀性的水或土壤直接接触的环境
二 b	干湿交替环境； 水位频繁变动环境； 严寒和寒冷地区的露天环境； 严寒和寒冷地区冰冻线以上与无侵蚀性的水或土壤直接接触的环境

环境类别	条 件
三 a	严寒和寒冷地区冬季水位变动区环境； 受除冰盐影响环境； 海风环境
三 b	盐渍土环境； 受除冰盐作用环境； 海岸环境
四	海水环境
五	受人为或自然的侵蚀性物质影响的环境

混凝土强度等级分为 14 级，即 C15、C20、C25、C30、C35、C40、C45、C50、C55、C60、C65、C70、C75、C80。不同工程或用于不同部位的混凝土，对其强度等级的要求也不一样。

混凝土强度等级应按立方体抗压强度标准值确定。立方体抗压强度标准值系指按标准方法制作、养护的边长为 150mm 的立方体试件，在 28d 或设计规定龄期以标准试验方法测得的具有 95％保证率的抗压强度值。

素混凝土结构的混凝土强度等级不应低于 C15；钢筋混凝土结构的混凝土强度等级不应低于 C20；采用强度级别 400MPa 及以上的钢筋时，混凝土强度等级不应低于 C25。

承受重复荷载的钢筋混凝土构件，混凝土强度等级不应低于 C30。

预应力混凝土结构的混凝土强度等级不宜低于 C40，且不应低于 C30。

（4）钢筋

1）混凝土结构的钢筋应按下列规定选用：

① 纵向受力普通钢筋宜采用 HRB400、HRB500、HRBF400、HRBF500 钢筋，也可采用 HRB335、HRBF335、

HPB300、RRB400 钢筋；

②箍筋宜采用 HRB400、HRBF400、HPB300、HRB500、HRBF500 钢筋，也可采用 HRB335、HRBF335 钢筋；

③预应力筋宜采用预应力钢丝、钢绞线和预应力螺纹钢筋。

需要特别注意的是：RRB400 钢筋不宜用作重要部位的受力钢筋，不应用于直接承受疲劳荷载的构件。

2）普通钢筋的符号、公称直径及强度标注值见表 1-13。

普通钢筋强度标准值 表 1-13

牌号	符号	公称直径 d（mm）	屈服强度标准值 f_{yk}（N/mm²）	极限强度标准值 f_{stk}（N/mm²）
HPB300	Φ	6～22	300	420
HRB335 HRBF335	Φ ΦF	6～50	335	455
HRB400 HRBF400 RRB400	Φ ΦF ΦR	6～50	400	540
HRB500 HRBF500	Φ ΦF	6～50	500	630

3）普通钢筋的一般表示方法见表 1-14。

普通钢筋 表 1-14

序号	名称	图例	说明
1	钢筋横断面	·	
2	无弯钩的钢筋端部		下图表示长短钢筋投影重叠时可在短钢筋的端部用 45° 短画线表示
3	带半圆形弯钩的钢筋端部		
4	带直钩的钢筋端部		
5	带丝扣的钢筋端部		

序号	名称	图例	说明
6	无弯钩的钢筋搭接		
7	带半圆形弯钩的钢筋搭接		
8	带直钩的钢筋搭接		
9	花篮螺栓钢筋接头		
10	机械连接的钢筋接头		用文字说明机械连接的方式（如冷挤压或直螺纹等）

4）混凝土保护层

构件中普通钢筋及预应力筋的混凝土保护层厚度应满足下列要求：

①构件中受力钢筋的保护层厚度不应小于钢筋的直径 d。

②设计使用年限为 50 年的混凝土结构，最外层钢筋的保护层厚度应符合表 1-15。

混凝土保护层的最小厚度 c（mm）　　　　表 1-15

环境等级	板墙壳	梁　柱
一	15	20
二 a	20	25
二 b	25	35
三 a	30	40
三 b	40	50

注：1. 混凝土强度等级不大于 C25 时，表中保护层厚度数值应增加 5mm。

2. 钢筋混凝土基础宜设置混凝土垫层，其受力钢筋的混凝土保护层厚度应从垫层顶面算起，且不应小于 40mm。

5）钢筋弯钩和机械锚固

当纵向受拉普通钢筋末端采用钢筋弯钩或机械锚固措施时，包括弯钩或锚固端头在内的锚固长度（投影长度）可取为基本锚

固长度 l_{ab} 的 3/5 倍。钢筋弯钩和机械锚固的形式和技术要求应符合表 1-16 及图 1-62 的规定。

钢筋弯钩和机械锚固的形式和技术要求　　　表 1-16

锚固形式	技术要求
90°弯钩	末端 90°弯钩，弯后直段长度 12d
135°弯钩	末端 135°弯钩，弯后直段长度 5d
一侧贴焊锚筋	末端一侧贴焊长 5d 同直径钢筋，焊缝满足强度要求
两侧贴焊锚筋	末端两侧贴焊长 3d 同直径钢筋，焊缝满足强度要求
焊端锚板	末端与厚度 d 的锚板穿孔塞焊，焊缝满足强度要求
螺栓锚头	末端旋入螺栓锚头，螺纹长度满足强度要求

注：1. 锚板或锚头的承压净面积应不小于锚固钢筋计算截面积的 4 倍。
　　2. 螺栓锚头产品的规格、尺寸应满足螺纹连接的要求，并应符合相关标准的要求。
　　3. 螺栓锚头和焊接锚板的间距不大于 3d 时，宜考虑群锚效应对锚固的不利影响。
　　4. 截面角部的弯钩和一侧贴焊锚筋的布筋方向宜向内偏置。

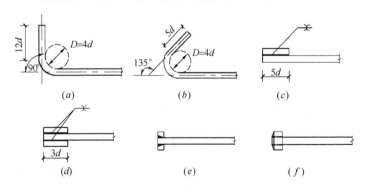

图 1-62　钢筋弯钩和机械锚固的形式和技术要求
(a) 90°弯钩；(b) 135°弯钩；(c) 侧贴焊锚筋；(d) 两侧贴焊锚筋；
(e) 穿孔塞焊锚板；(f) 螺栓锚头

6）钢筋的连接

钢筋连接可采用绑扎搭接、机械连接或焊接。机械连接接头及焊接接头的类型及质量应符合国家现行有关标准的规定。

混凝土结构中受力钢筋的连接接头宜设置在受力较小处。在同一根受力钢筋上宜少设接头。在结构的重要构件和关键传力部位，纵向受力钢筋不宜设置连接接头。

轴心受拉及小偏心受拉杆件的纵向受力钢筋不得采用绑扎搭接；其他构件中的钢筋采用绑扎搭接时，受拉钢筋直径不宜大于25mm，受压钢筋直径不宜大于28mm。

同一构件中相邻纵向受力钢筋的绑扎搭接接头宜互相错开。钢筋绑扎搭接接头连接区段的长度为1.3倍搭接长度，凡搭接接头中点位于该连接区段长度内的搭接接头均属于同一连接区段（图1-63）。同一连接区段内纵向受力钢筋搭接接头面积百分率为该区段内有搭接接头的纵向受力钢筋与全部纵向受力钢筋截面面积的比值。当直径不同的钢筋搭接时，接直径较小的钢筋计算。

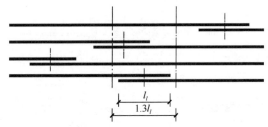

图1-63　同一连接区段内纵向受拉钢筋的绑扎搭接接头
注：图中所示同一连接区段内的搭接接头钢筋为两根，当钢筋直径相同时，钢筋搭接接头面积百分率为50%。

位于同一连接区段内的受拉钢筋搭接接头面积百分率：对梁类、板类及墙类构件，不宜大于25%；对柱类构件，不宜大于50%。当工程中确有必要增大受拉钢筋搭接接头面积百分率时，对梁类构件，不宜大于50%；对板、墙、柱及预制构件的拼接处，可根据实际情况放宽。

（5）现浇混凝土结构构件

各种现浇混凝土结构的框架、剪力墙、梁、板（有梁楼盖和无梁楼盖）等构件的结构施工图设计采用平面整体表示方法。按平法设计绘制的施工图一般是由各类结构构件的平法施工图和标准构造详图两大部分构成，但对于复杂的工业与民用建筑尚需增加模板、开洞和预埋件等平面图。只有特殊情况下才需要增加剖面配筋图。在平面布置图上表示各构件尺寸和配筋的方式，分平面注写方式、列表方式和截面注写方式三种。按平法绘制的施工图，所有的柱、剪力墙、梁板等构件均有编号，编号中含有类型代号和序号等（代号可参见表 1-10），类型代号用来指明所选用的标准构造详图，而在构件详图上按其所属构件类型注明代号，以明确该详图与平法施工图中该类型构件的互补关系，从而使两者结合构成完整的结构设计图纸。

平法结构施工图中会用表格或其他方式注明包括地下和地上各层的结构层楼（地）面标高、结构层高及相应的结构层号。其结构层楼面标高和结构层高在单项工程中必须统一，用以保证基础、柱与墙、梁、板、楼梯等用同一标准竖向定位。为施工方便，统一的结构层楼面标高和结构层高分别放在柱、墙、梁等各类构件的平法施工图中。

下面以混凝土柱为例：

柱平法施工图是指在平面布置图上采用列表注写方式或截面注写方式。柱平面布置图可采用适当比例单独绘制，也可以与剪力墙平面布置图合并绘制。

列表注写方式系在柱平面布置图上（一般只需采用适当比例绘制一张柱平面布置图，包括框架柱、框支柱、梁上柱和剪力墙上柱），分别在同一编号的柱中选择一个或几个截面标注几何参数代号。在柱表中注写柱编号、柱段起止标高、几何尺寸（含柱截面对轴线的偏心情况）与配筋的具体数值，并配以各种柱截面形状及其箍筋类型图的方式，如图 1-64 所示。

截面注写方式是指在柱平面布置图的柱截面上分别在同一编号的柱中选择一个截面，以直接注写截面尺寸和配筋具体数值的方式来表达柱平法施工图，如图 1-65 所示。

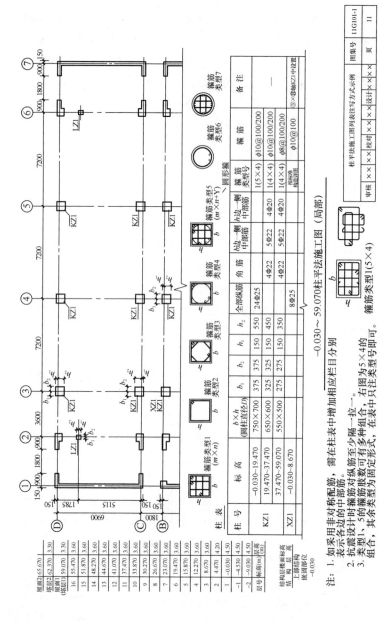

图 1-64 柱平法施工图列表注写方式示例

柱表

柱号	标高	$b \times h$ (圆柱直径D)	b_1	b_2	h_1	h_2	全部纵筋	角筋	b边一侧 中部筋	h边一侧 中部筋	箍筋 类型号	箍筋	备注
KZ1	−0.030~19.470	750×700	375	375	150	550	24Φ25				1(5×4)	φ10@100/200	
	19.470−37.470	650×600	325	325	150	450		4Φ22	5Φ22	4Φ20	1(4×4)	φ10@100/200	—
	37.470−59.070	550×500	275	275	150	350		4Φ22	5Φ22	4Φ20	1(4×4)	φ8@100/200	
XZ1	−0.030−8.670						8Φ25				按标准 构造详图	φ10@100	③×⑧轴KZ1中设置

−0.030~59.070柱平法施工图（局部）

注：1. 如采用非对称配筋，需在表中增加相应栏目分别
　　表示各边的中部筋。
　　2. 抗震设计时箍筋对纵筋至少隔一拉。
　　3. 类型1、5箍筋肢数可有多种组合，右图为5×4的
　　组合，其余类型为固定形式，在表中只注写型号即可。

		柱平法施工图列表注写方式示例				1IG101-1
审核	××	校对	××	设计	××	图集号
						页	11

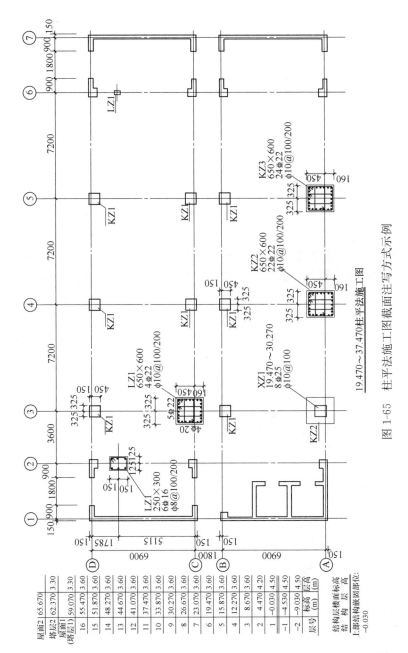

图 1-65 柱平法施工图截面注写方式示例

二、力学与混凝土结构的基本知识

（一）建筑力学的基本知识

1. 力的概念

力是物体之间的相互作用，其结果使物体运动的状态发生变化，或使物体发生变形。作用于物体的力因大小、方向、作用位置的不同，将使物体产生不同的改变。因此，力的大小、方向和作用点是力的三要素。力是有大小和方向的矢量，通常用带有箭头的直线表示方向（如图 2-1），线段的长短表示大小，如 AB，单位是"牛顿"（N）或"千牛顿"（kN），力的作用点由线段的起点或终点确定，该图为点 A。

力偶和力偶矩的概念：所谓力偶是由大小相等、方向相反，不共作用线的两个平行力 F 和 F' 组成，h 是力偶臂，如图 2-2 所示。力偶的作用是使物体发生转动。力偶中任一个力的大小与力偶臂的乘积 Fh 或 $F'h$ 称为力偶矩，用 M（F、F'）表示。

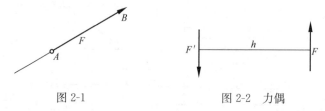

图 2-1   图 2-2   力偶

2. 力的平衡

物体受一力系作用，如物体相对于地球做匀速直线运动或静止，则称该物体处于平衡状态，作用于物体上的力系称为平衡力系。力系是指作用在刚体上的一群力。刚体是指在力的作用下不发生变形的物体，是一个抽象化的概念。

力的平衡是合力为零，即

$$\sum F_x = 0 \qquad (2-1)$$

$$\sum F_y = 0 \qquad (2-2)$$

式中　$\sum F_x$——力系中各力在 x 轴上投影的代数和；

　　　$\sum F_y$——力系中各力在 y 轴上投影的代数和；

【例 2-1】求图 2-3 的支座反力 R_o。

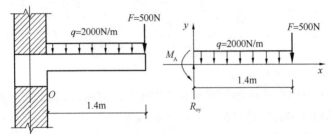

图 2-3　力作用图

【解】　由于 $\sum F_y = 0$ 得：$R_{oy} - ql - F = 0$

$R_{oy} = ql + F = 2000 \times 1.4 + 500 = 3300$（N）

3. 人们很早就使用"秤"，利用扳手紧螺钉，懂得运用杠杆原理进行工作。长期实践使人们认识到杠杆的平衡，除了与杆上的各力大小有关，还与各力的位置到杆上某一定点的距离有关。这样就产生了"力矩"的概念。以扳手拧螺钉为例说明了力 F 使扳手转动的效应，不仅与力的大小有关，也与 O 点到该力的垂直距离有关，这个效应用两者的乘积表示，并称为力对点的矩，简称力矩，如图 2-4 所示，用公式记为：

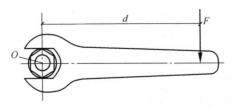

图 2-4　力矩图

$$M_O (F) = \pm Fd \qquad (2\text{-}3)$$

使物体绕矩心做逆时针方向转动的力矩为正，反之为负。力矩的单位为牛顿·米（N·m）。

【例 2-2】求图 2-3 中由集中力 F 和分布力 q 对悬挑构件根部 O 点的力矩。

【解】

$$\begin{aligned}M_O &= ql^2/2 + Fl \\ &= 2000 \times 1.4^2/2 + 500 \times 1.4 \\ &= 1960 + 700 \\ &= 2660 \ (\text{N·m})\end{aligned}$$

4. 力矩的平衡

力矩的平衡是合力矩为零。以图 2-3 为例，我们算出了集中力 F 和分布力午对 O 点的合力矩，说明雨篷具有绕 O 点转动的趋势。要不便雨篷转动，就要有与合力矩大小相等、方向相反的力矩与之平衡。即力系中各力对于任一点的力矩代数和为零，即

$$\sum M (F) = 0 \qquad (2\text{-}4)$$

【例 2-3】以图 2-3 为例，求 M_0。

【解】由 $\sum M(F) = 0$，得 $M_0 - ql^2/2 - Fl = 0$

$$\begin{aligned}M_0 &= ql^2/2 + Fl \\ &= 1/2 \times 2000 \times 1.4^2 + 500 \times 1.4 \\ &= 2660 \ (\text{N·m})\end{aligned}$$

5. 作用力与反作用力

由于力是物体之间的相互作用，因此它的出现必然是成对的，有作用力必有反作用力。作用力和反作用力大小相等、方向相反，且作用在同一直线上。这就是作用与反作用定律。

注意，作用力与反作用力，不能与二力平衡原理中的一对平衡力相混淆。一对平衡力是作用在同一物体上的，而作用力与反作用力则是分别作用在两个不同物体上的。

6. 变形和内力

结构构件或机械在正常工作的情况下，组成它们的各个构件

一般都承受一定的力，我们把这些力统称为外力，也称荷载。构件在外力的作用下，将发生变形，与此同时，构件内部各部分间将产生相互作用力，此相互作用力称为内力。内力是由外力引起的，内力总是与变形同时产生，内力作用的趋势是力图使受力构件恢复原状，内力对变形起抵抗和组织的作用。任意截面上内力值的确定通常采用截面法。一般情况下，杆件受到外力产生变形的情况可以归纳为以下几类：

（1）轴向拉伸或压缩（图 2-5a）。即在一对方向相反、作用线与杆轴线重合的外力作用下，杆件将发生长度的改变（伸长或缩短）。

（2）剪切（图 2-5b）。即在一对相距很近，方向相反的横向外力作用下，杆件的横截面将沿外力方向发生错动。

（3）扭转（图 2-5c）。即在一对方向相反、位于垂直杆轴线的两平面内的力偶作用下，杆的任一横截面将发生相对转动。

（4）弯曲（图 2-5d）。即在一对方向相反、位于杆的纵向平面内的力偶作用下，杆件将在纵向平面内发生弯曲。

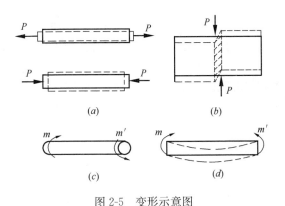

图 2-5　变形示意图

7. 构件截面处内力

内力的概念在上一个问题里已经介绍过了，下面只介绍轴向压缩构件、拉伸构件的轴力和受弯构件的弯矩和剪力。

（1）轴向压缩构件、拉伸构件的轴力、应力

轴向拉伸或轴向压缩变形是杆件基本变形之一。轴向拉伸或轴向压缩的受力特点是：杆件受一对平衡力 P 的作用，它们的方向沿杆件的轴线。

杆件内力的计算步骤如下：

1）先假想用一平面，在需求内力的截面处将构件（杆件）截分为两部分。

2）然后在这两部分中，留下任一部分作为脱离体进行分析（包括作用在该部分上的外力），并把去掉部分对留下部分的作用以分布在截面上各点的力来代替，其合力为 N，此合力即为截面的内力，称为轴力。

3）考虑留下的一段杆件在原有的外力及轴力 N 共同作用下处于平衡，根据平衡条件 $\Sigma X = 0$，有 $N = P$ 即截面上的轴力 N，其大小等于 P，方向与 P 相反，沿同一作用线。用这样的方法，就可求出任一截面上的内力。为了研究方便，给轴力 N 规定了正负号，轴力的方向以使杠杆拉伸为正，反之，使杠杆压缩为负。

为了掌握沿构件长度方向上内力的变化规律，找出最危险截面的位置，我们将构件（杆件）不同截面的内力用图形表示，称为轴力图。

【例 2-4】如图 2-6（a）所示，钢筋混凝土柱高 4m，截面尺寸 500mm×500mm，承受轴向压力 160kN，试做出该构件的轴力图。

【解】在截面 1 以下的截面取构件上部，隔离体如图 2-6（b）所示。

求 1 截面内力值，由 $\Sigma F_y = 0$ 得出：

$$N - 160 = 0$$

$$N = 160 \ (kN)$$

在截面 2 截取构件上部，如图 2-6（c）所示。

求截面 2 内力值，由 $\Sigma F_y = 0$ 得出：

$$N - 160 = 0$$

$$N = 160 \ \text{(kN)}$$

给出轴力图，如图 2-6（d）所示。

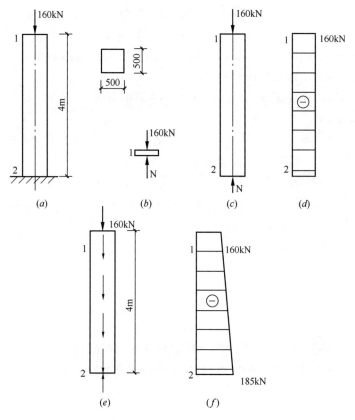

图 2-6　钢筋混凝土柱受力图

（a）柱子尺寸；（b）1 截面计算简图；（c）2 截面计算简图；
（d）柱轴力图；（e）截面隔离体图；（f）柱轴力图

【例 2-5】按［例 2-4］题中条件，同时考虑混凝土自重作用力，并找出承受最大轴力的截面位置（混凝土重力密度为 25kN/m^3）。

【解】第 1、2 步同［例 2-4］题。

在截面 2 截取构件上部，如图 2-6（e）所示。

求截面 2 内力值，由 $\Sigma F_y = 0$ 得出：

$$N - 160 - 0.25 \times 4 \times 25 = 0$$
$$N = 160 + 0.25 \times 4 \times 25$$
$$N = 185 \text{（kN）}$$

给出轴力图，如图 2-6（f）所示。通过轴力图可以看出，承受最大轴力的截面是柱子根部。

答：承受最大轴力的界面是柱子根部的截面 2，轴力为 185kN。

要判断受力构件能否发生强度破坏，仅知道某个截面上内力的大小是不够的，还须求出截面上单位面积上的内力值，即应力。应力公式为：

$$\sigma = N/A \tag{2-5}$$

式中　σ——应力（Pa）；

　　　N——内力（N）；

　　　A——构件的横截面面积（m^2）。

若 N 为拉力，则 σ 为拉应力；若 N 为压力，则 σ 为压应力。

【例 2-6】以［例 2-5］题为条件，计算混凝土柱承受的最大应力。

【解】因为该钢筋混凝土柱沿长度方向截面相同，因此承受最大轴力的截面是截面 2，截面 2 承受的应力也就为该钢筋混凝土柱承受的最大应力，即

$$\sigma = N/A = 185/(0.5 \times 0.5) = 740 \text{（kPa）}$$

答：该柱承受的最大应力为 740kPa。

（2）受弯构件的弯矩和剪力

受弯是工程中常见的一种受力形式，梁和板均属受弯构件。梁的横截面一般都至少有一根对称轴。其中梁的纵向截面和梁轴组成的平面，称为纵向对称面，当梁所受的荷载、支座反力及梁弯曲后的轴线都在这个平面内时，这种情况的弯曲就叫作平面弯曲，如图 2-7 所示。下面的讨论只限于直梁的平面弯曲。

梁的荷载可分为以下三种：集中力，一般可以把它近似地看成作用在一点的力，如图2-8中的P；集中力偶，力偶矩的单位是 N·m，如图2-8中的m；分布荷载，沿着梁的轴线分布在较长一段范围内的力，通常用q来表示，单位是 N/m，如图2-8所示。

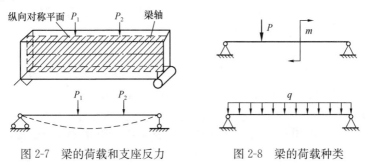

图 2-7 梁的荷载和支座反力   图 2-8 梁的荷载种类

作用在梁上的荷载，通过梁向支座传递其作用，支座将对梁产生相应的反力。荷载传递所经过的梁的各个截面都将产生相应的内力。要求解梁的横截面上的内力，通常须先计算梁的支座反力。

梁的支座可以简化为以下三种典型形式（图2-9）：

1）固定铰链支座：梁端在支座处可以转动，但不能移动。固定铰链；支座对梁在两个方向上起约束作用，相应地就有两个

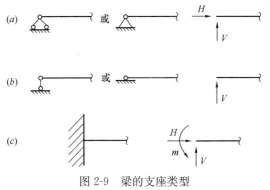

图 2-9 梁的支座类型

49

未知的约束反力，即水平反力 H 和竖直反力 V（图 2-9a）。

　　2）可动铰支座：梁端在支座处可以转动和水平移动，但不能沿竖直方向移动，因此它只有在竖直方向对梁起着约束作用，相应地就只有一个沿法线方向的未知约束反力 V（图 2-9b）。

　　3）固定端：梁端在支座处既不能转动，又不能沿任意方向移动，所以固定端有三个约束反力，即水平反力 H、竖直反力 V 和力矩为 m 的反力偶（图 2-9c）。

　　在外力作用下，梁任一截面上的内力可以用截面法求得。如图 2-10（a）所示的简支梁。在梁支座 A 端 x 处作截面 $m-m$，取该截面左侧一段梁为隔离体，其受力图如图 2-10（b）所示。在外力 R_A-qx 的作用下将有向上移动的趋势，因此在 $m-m$ 截面上必定作用一个向下的内力 Q 与之平衡，由于 Q 对梁有剪切作用，故称为 Q 为 $m-m$ 截面上的剪力；同时，外力对 $m-m$ 截面还有一个顺时针转动的力矩作用，但构件实际上没有转动，

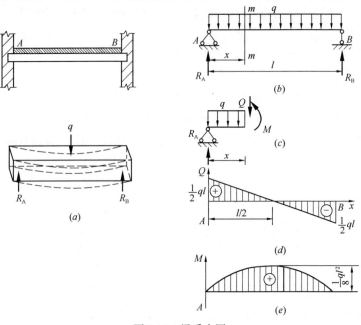

图 2-10　梁受力图

所以在 $m-m$ 截面上必定作用一个逆时针方向的力矩 M 与之平衡。由于 M 造成梁的弯曲，所以称 M 为梁上 $m-m$ 截面处的弯矩。$m-m$ 截面上的剪力和弯矩的具体值可由左段梁的平衡条件求得：

由 $\Sigma F_y = 0$，得 $Q = R_A - qx$

由 $\Sigma M_A = 0$，得出 $R_A x - qx^2 - M = 0$，即 $M = R_A x - qx^2$。

$m-m$ 截面上的内力值也可以通过右段梁的平衡来求得。其结果与通过左段梁求得的完全相同，但与左段求得的方向相反。从上面的分析可知，梁的任一横截面上的剪力，在数值上等于作用在横截面上所有横向外力的代数和；梁的任一横截面上的弯矩，在数值上等于该截面上所有的外力对该截面形心的力矩代数和。

截面上的内力是有方向的，因此对内力符号特作如下规定：

1）剪力符号：当截面上的剪力使脱离体有顺时针方向转动的趋势时为正，反之为负（图 2-11a）。

2）弯矩符号：当截面上的弯矩使考虑的脱离体凹向上弯曲（即下边受拉、上边受压）时为正，相反，凹向下弯曲（上边受拉、下边受压）时为负（图 2-11b）。

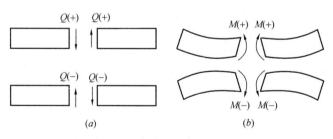

图 2-11　内力符号

（a）剪力符号；（b）弯矩符号

为了全面理解剪力和弯矩沿着梁轴的变化情况，得到梁内最大剪力和最大弯矩所在的横截面及数值，我们用横坐标表示沿梁轴线的截面位置，用纵坐标表示相应截面上内力大小，这些纵坐标端点的连线所围成的图形，叫作剪力图或弯矩图。

【例 2-7】 绘制图 2-10 简支梁受均布荷载的弯矩图和剪力图。

【解】 求支座反力：

由 $\sum F_y = 0$，梁两边受力对称，反力很容易求得，即

剪力和弯矩的计算：

如图 2-10（b）所示，以点 A 为坐标原点，距 A 为 x 处，取横截面 m—m 左边一段梁为隔离体，由静力平衡方程可分别求得剪力方程和弯矩方程为：

$$Q = R_A - qx = ql/2 - qx \quad (0 \leqslant x \leqslant 1)$$

$$M = R_A x - qx(x/2) = (ql/2)x - qx^2/2 \quad (0 \leqslant x \leqslant 1)$$

由剪力方程可知，剪力图是一倾斜直线，如图 2-10（d）所示，在 A 处，$Q = ql/2$；在 B 处，$Q = ql/2$。由图可见，在靠近梁支座的横截面上，剪力的数值最大，即 $Q_{max} = \pm ql/2$，而在梁跨中点横截面上的剪力为 0。

由弯矩方程可知，弯矩图是一抛物线（图 2-10e），作图时至少要求出曲线上三个点的弯矩值，即

当 $x = 0$ 时，$M = 0$

当 $x = l/2$ 时，$M = ql/2 \times l/2 - q/2 (l/2)^2 = 1/8 \times ql^2$

当 $x = l$ 时，$M = ql/2 \times l - q/2 (l) 2 = 0$

通过这三点做成的弯矩图指出，在梁跨中点横截面上的弯矩最大，即

$$M_{max} = (ql)^2/8$$

在该截面上剪力 $Q = 0$。

（二）混凝土构件受力分析

1. 混凝土构件的种类

钢筋混凝土结构和构件应用非常广泛，从受力情况看钢筋受弯，混凝土受压；从施工方法看，有预制装配式、现浇整体式和现浇和预制相结合的方式。

现浇结构整体性、抗震性较好，但施工速度较慢，现场湿作

业量较大。如各类基础：独立基础、带形基础、筏片基础、箱式基础等，多采用现浇；钢筋混凝土框架结构、高层建筑剪力墙结构、模板建筑、滑模建筑等也采用现场浇筑。

预制装配是使用工厂成批制作或现场就地预制构件，利用吊装设备运输、拼装而成。一般单层工业厂房的四大件：柱子、吊车梁、屋架、屋面板大多是预制的。从受力上讲，预制构件除了考虑正常受力外，还要检验在吊装时的受力状态，合理地选择吊点，甚至构件运输和翻身都要验算其受力状态，否则就会出现不应有的裂缝和损坏。

2. 构件的受力和变形

构件受到外力后都会产生变形。构件的变形情况不外乎四种基本情况中的一种，或是它们中几种变形的组合。

（1）轴向受拉或受压

轴向拉伸或轴向压缩变形是杆件的基本变形之一。轴向拉伸或轴向压缩变形的受力特点是：杆件两端沿杆件的轴线受到一对大小相等、方向相反的平衡力的作用。如果两个力方向向外，杆件伸长变形，则杆件受拉；如果两个力方向向内，杆件缩短变形，则杆件压缩，如图2-12所示。

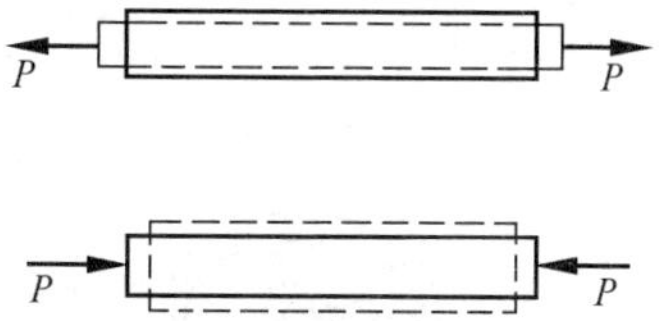

图 2-12 轴向受拉或受压

实际中有很多受拉伸或压缩的杆件，如起重机吊装重物时的吊索、桁架的下弦、拧紧的螺栓等都受到拉力的作用；桥梁的桥墩、桁架的上弦、墙体或柱子受到上部传下的荷载时，都会产生压缩变形。

（2）弯曲

弯曲变形是杆件的基本变形之一。如果一直杆在通过杆的轴线的纵向平面内，受到力偶或垂直于轴线的外力（即横向力）作用，杆的轴线就变成一条曲线，杆的这种变形就称为弯曲变形。

工程中这样的例子也很多，如支撑楼板重量的主梁和次梁，

工业厂房中的吊车梁，挑梁式阳台中的两根挑梁，挑有重物时的

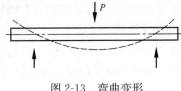

图 2-13　弯曲变形

扁担等，都是发生弯曲变形的例子。当然，它们还可能伴随其他的变形，如剪切变形等，但弯曲变形是主要的（图 2-13）。

（3）扭转

扭转变形是杆件的基本变形之一。所谓扭转，是指由垂直于杆件轴线的横向作用力或作用于杆件纵向平面内的力偶引起的，在这种力的作用下，杆件的轴线变成曲线，这种变形称为杆件的扭转变形。

工程中受扭转变形的杆件很多。例如：汽车转向盘的操纵杆，当驾驶员转动转向盘时，把力偶矩$\sum M_K = Pd$作用到操纵杆的 B 端，在操纵杆的 A 端则受到与转向器转向相反的阻抗力偶的作用（图 2-14），于是，操纵杆发生扭转。建筑中的某些梁也发生扭转变形，如雨篷梁，如图 2-15 所示：除了受梁上的墙压力和雨篷板上的荷载简化到梁的轴线后引起的弯曲外，还受雨篷板及其上的荷载对梁的分布力偶矩引起的扭转。

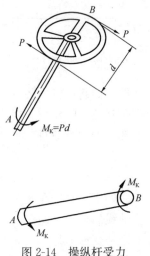

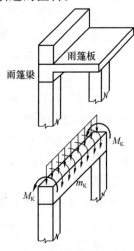

图 2-14　操纵杆受力　　　图 2-15　雨篷梁受力

（4）剪切

剪切变形是杆件的基本变形之一。它是杆件受到一对垂直于杆轴的大小相等、方向相反、作用线相距很近的力作用后所引起的。主要变形是横截面沿外力作用的方向发生相对错动，如连接杆件的螺栓、销钉、铆钉、焊缝等部位都产生剪切变形。这些接头受力后，要在连接件内引起应力，特别是剪切应力。如果应力过大，以致超过材料的剪切强度极限，接头就要被破坏而造成工程事故。所以它们的强度计算在整个结构设计中是很重要的（图 2-16）。

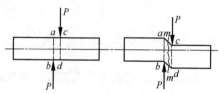

图 2-16　剪切变形

（5）组合变形

前面分别讨论了杆件的基本变形：拉伸和压缩、弯曲、扭转、剪切。但是，在实际工程中，许多构件在荷载作用下常常同时发生两种或两种以上的基本变形，这种情况称为组合变形。

例如：设有吊车的厂房柱子（图 2-17a），由屋架和吊车传

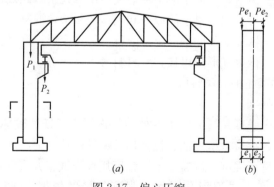

(a)　　　　　(b)

图 2-17　偏心压缩

55

给柱子的荷载的合力一般不与柱子的轴线重合，而是有偏心（图 2-17b 中 e_1 和 e_2），如果将合力简化到轴线上，则附加力偶 Pe_1 和 Pe_2 将引起纯弯矩，所以这种情况是轴向压缩和纯弯曲的共同作用，称为偏心压缩。

（三）构件受力的几个概念

1. 强度、刚度和稳定性

（1）强度

强度就是材料或构件抵抗破坏的能力。构件都必须有足够的强度，如果强度不足，它在荷载的作用下就要被破坏。

（2）刚度

刚度是指构件抵抗变形的能力。构件在一定荷载的作用下产生的变形不能超过一定的范围，这就要求构件具有一定的刚度。

（3）稳定性

有些构件在荷载作用下，其原有形状的平衡可能丧失稳定性。这种现象也称为失稳。

2. 弹性变形和塑性变形

构件在外力作用下产生的变形，按变形性质可分为弹性变形和塑性变形。弹性变形是指变形体的外力去掉后可消失的变形。如果外力去掉后，变形不能全部消失而留有残余，此残余部分就称为塑性变形。因混凝土的成分和因素较复杂，混凝土受力后变形不能完全恢复，因此混凝土不能称为弹性变形；钢材在弹性范围内，可以恢复变形，可按弹性材料考虑。

3. 混凝土的力学性能

（1）强度

混凝土强度是指混凝土在外力的作用下，抵抗破坏的能力。包括抗压、抗拉、抗弯曲、抗剪切及钢筋的粘结强度等，其中最主要的是抗压强度。混凝土抗压强度用标准试验方法测定，混凝土抗压强度也作为划分混凝土强度等级的依据。强度的单位是 MPa。

（2）静力受压弹性模量

静力受压弹性模量为应力与应变的比值。表示混凝土抵抗变形的能力。强度愈大者弹性模量愈大。

（3）徐变

徐变是指混凝土在长期荷载作用下随时间的延续而增加的变形。徐变变形过大，会影响混凝土的使用效果，并产生裂缝，影响混凝土的耐久性。促使徐变增大的主要原因是：加荷应力大；加荷时混凝土的强度小，大气湿度低，气温高；水泥用量多；水胶比大；骨料级配不良和试件结构尺寸小等。

4. 钢材的力学性质

对于钢筋混凝土中的钢筋，我们主要研究其机械性能。用以控制钢筋质量的几个主要机械性能指标是通过试验加以确定的。

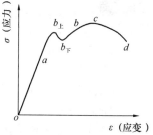

按规定对钢筋进行拉伸，便可依据试验所得的数据绘制得到钢筋的应力（单位面积上所受的力）和应变（单位长度的伸长量）关系图，如图 2-18 所示。

其中，应力 σ、应变 ε，可按下式计算：

图 2-18 Ⅰ 级钢筋的应力-应变曲线图

$$\sigma = F/A \qquad (2\text{-}6)$$
$$\varepsilon = \Delta L/L \qquad (2\text{-}7)$$

式中 F——钢筋试件所受拉力（N）；

A——试件截面面积（cm^2）；

ΔL——试件标距段的伸长量（cm）；

L——试件标距段的原长（cm）。

（1）屈服强度

钢筋受拉即产生变形。开始时如图 2-18oa 段为一直线，表明应力和应变成正比。过了 a 点即 $ab_{上}$ 段，稍有弯曲，应力应变不成正比例，但卸载后钢筋可恢复原来长度。因此，此段属于弹性阶段。当应力超过弹性极限后，应力与应变不再成正比关系，此时应力不再增加，但变形却迅速增长，说明钢筋暂时失去抵抗变形的能力，这个阶段称为屈服阶段，如 $b_\perp b$ 段，又称屈服台阶。屈服台阶的最低点 $b_\text{下}$ 为屈服强度（屈服点）。无明显屈服台阶的钢材称硬钢，如冷拔钢丝、钢绞线、合金钢材等。对这类钢筋，在结构设计时，钢筋强度取抗拉强度（图 2-18 中的 c 点）。

（2）抗拉强度（极限强度）

过了屈服点以后，钢材内部又恢复了抵抗外力的能力，此时曲线又向上升，直至最高点 c。对应 c 点的应力叫极限强度，又叫抗拉强度，用 σ_b 表示。一般钢筋随抗拉强度的提高，其塑性会降低。衡量钢筋质量的好坏，除考虑抗拉强度外，还必须兼顾钢筋的塑性。

（3）塑性性能

材料的塑性性能可以通过残余变形大小反映出来，通常以延伸率 δ 或截面收缩率 Ψ 两个参数来表示。

① 延伸率。试件断裂后，在断口处把试件对接起来，量出标距间的最终长度 l'，若标距原长为 l，则试件单位长度的余值变形（用百分数表示）为 $\delta=(l'-l)/l\times100\%$（$\delta$ 为延伸率）。δ 值越大，材料的塑性性能越好。由于延伸率 δ 与试件原来的几何尺寸有关，故规定必须采用 $l=10d$ 和 $l=5d$ 标准试件。测定结果分别用 δ_{10} 和 δ_5 来表示。通常将 $\delta_{10}>5\%$ 的材料称为塑性材料。例如，3 号钢 δ_{10} 为 $20\%\sim30\%$，是较好的塑性材料；各种合金钢、有色金属等也是塑性材料。$\delta_{10}<5\%$ 材料为脆性材料，如铸铁、石料、陶瓷等。

② 截面收缩率。试件断口处直径收缩得越多，材料的塑性性能越好。设试件原直径为 d，断裂后量出的断口处直径为 d_1，则截面收缩率为

$$\Psi=(A_1-A)/A\times100\%$$

其中 $A=\pi d^2/4$ 为试件原截面面积，$A_1=\pi d_1^2/4$ 为断口处截面面

积。3 号钢 ψ 为 $60\%\sim70\%$。

（4）冷弯性能

即在常温下钢筋的弯曲性能。把钢筋放在规定的弯心上冷弯到 $90°$ 或 $180°$，观察弯曲处的外面及侧面有无数裂纹、起层及断裂现象，用以判断钢筋是否合格，并用冷弯检查钢筋对焊接头的质量。

（5）钢筋的冷加工及时效

在常温下对钢筋进行冷拉、冷拔或者冷轧，使之产生塑性变形，从而提高强度的方法叫作钢筋的冷加工。钢筋经过冷加工后，屈服强度提高，塑性、韧性降低。

经冷拉的钢筋，在常温下放置 $15\sim20d$，其强度进一步提高，硬度增加，塑性和韧性降低，这个过程称为时效。冷拉和时效常被联合采用。冷拉而未时效，屈服强度提高不大，抗拉强度没提高；而冷拉又时效的钢筋，屈服强度可提高 20% 左右，抗拉强度也显著提高。所以，工程中常用冷拉和时效结合来提高强度，节约钢材用量。

5. 混凝土与钢筋结合的可能性

钢筋和混凝土是两种性质完全不同的材料，它们结合在一起能取长补短，发挥各自的优势，共同抵抗荷载的作用。其原因如下：

（1）混凝土与钢筋有着很好的粘结力。硬化后的混凝土体积收缩时对钢筋产生侧压力，由此使钢筋表面和混凝土之间产生摩擦力；水泥石与钢筋表面的胶结力；由于钢筋表面凸凹不平产生的机械咬合力。以上三点统称为粘结力。其中，机械咬合力最大，约占粘结力的一半以上。

（2）在一定的温度范围内，混凝土与钢筋的线膨胀系数几乎相同，因而不会因温度变化破坏钢筋混凝土的整体性。

（3）混凝土包裹着钢筋，使其免于腐蚀。

三、混凝土的组成材料

（一）混凝土的组成及分类

1. 混凝土的组成

混凝土是工程建设的主要材料之一。广义的混凝土是指由胶凝材料、细骨料（砂）、粗骨料（石）和水按适当比例配制的混合物，经硬化而成的人造石材。但目前建筑工程中使用最为广泛的还是普通混凝土。普通混凝土是由水泥、水、砂、石以及根据需要掺入的各类外加剂与矿物混合材料组成的。

在普通混凝土中，砂、石起骨架作用，称为骨料，它们在混凝土中起填充作用和抵抗混凝土在凝结硬化过程中的收缩作用。水泥与水形成水泥浆，包裹在骨料表面并填充骨料间的空隙。在硬化前，水泥浆起润滑作用，赋予拌合物一定的和易性，便于施工；水泥浆硬化后，则将骨料胶结成一个坚实的整体，并具有一定的强度。

2. 混凝土的分类

混凝土的品种繁多，它们的性能和用途也各不相同，一般按以下四方面进行分类。

（1）按胶结材料分类

1）无机胶结材料混凝土：水泥混凝土、硅酸盐混凝土、石膏混凝土、水玻璃氟硅酸钠混凝土。

2）有机胶结材料混凝土：沥青混凝土、硫磺混凝土、聚合物混凝土。

3）有机无机复合胶结材料混凝土：聚合物水泥混凝土、聚合物浸渍混凝土。

（2）按表观密度分类

1）特重混凝土：表观密度大于 2600kg/m³，是用特别密实和特别重的骨料制成的，例如：重晶石混凝土、钢屑混凝土等。它们具有防辐射的性能，主要用作原子能工程的屏蔽材料。

2）重混凝土：表观密度为 1900～2500kg/m³，是用致密的天然砂、石作为骨料制成的，也称普通混凝土，主要用于各种承重结构。

3）轻混凝土：表观密度在 500～1900kg/m³，用火山灰渣、黏土陶粒和陶砂、粉煤灰陶粒和陶砂等轻骨料制成的轻骨料混凝土。表观密度在 500kg/m³ 以上的多孔混凝土，包括加气混凝土和泡沫混凝土。大孔混凝土则是其组成中不加或少加细骨料。轻混凝土主要用作结构材料、结构绝热材料。

4）特轻混凝土：表观密度在 500kg/m³ 及以下的多孔混凝土。特轻骨料如膨胀珍珠岩、膨胀蜂石、泡沫塑料等制成的轻骨料混凝土，主要用作保温隔热材料。

（3）按混凝土的结构分类

1）普通结构混凝土：以碎石或卵石、砂、水泥和水制成的混凝土为普通混凝土。

2）细粒混凝土：由细骨料和胶结材料制成，主要用于制造薄壁构件。

3）大孔混凝土：由粗骨科和胶结材料制成，骨料外包胶结材料，骨料彼此以点接触，骨料之间有较大的空隙，主要用于墙体内隔层等填充部位。

4）多孔混凝土：这种混凝土无粗细骨料，全由磨细的胶结材料和其他粉料加水拌成料浆，用机械方法或化学方法使之形成许多微小的气泡后再经硬化制成。

（4）按用途和施工方法分类

主要有结构混凝土、防水混凝土、隔热混凝土、耐酸混凝土、装饰混凝土、纤维混凝土、防辐射混凝土、沥青混凝土、泵送混凝土、喷射混凝土、高强混凝土、高性能混凝土等。

此外，随着混凝土的发展和工程的需要，还出现了膨胀混凝土、加气混凝土、纤维混凝土等各种特殊功能的混凝土。

随着混凝土应用范围的不断扩大，混凝土的施工机械也在不断发展。泵送混凝土、商品混凝土以及新的施工工艺给混凝土施工带来很大方便。

（二）混凝土的主要性能

在混凝土建筑物中，由于各个部位所处的环境不同，工作条件也不相同，对混凝土性能的要求也不一样，故必须根据具体情况，采用不同性能的混凝土，在满足性能要求的前提下，达到经济效益显著的目的。

1. 混凝土拌合物特性

（1）混凝土拌合物的和易性。是指混凝土在施工中是否易于操作，是否具有能使所浇筑的构件质量均匀、成型易于密实的性能。所谓和易性好，是指混凝土拌合物容易拌合，不易发生砂、石或水分离析现象，浇模时填满模板的各个角落，易于捣实，分布均匀，与钢筋粘结牢固，不易产生蜂窝、麻面等不良现象。和易性是一项综合的技术性质，包括有流动性、黏聚性和保水性等含义。可见，和易性是一项综合性能。

1）流动性：指混凝土拌合物在自重或机械振动作用下能产生流动，并均匀、密实地填满模板的性能。流动性的大小反映拌合物的稠稀，它影响施工难易及混凝土结构质量。

2）黏聚性：指混凝土拌合物中各种组成材料之间有较好的黏聚能力，在运输和浇筑过程中，不致产生分层离析，使混凝土保持整体均匀的性能。黏聚性差的拌合物中水泥浆或砂浆与石子易分离，混凝土硬化后会出现蜂窝、麻面、空洞等不密实现象，严重影响混凝土结构质量。

3）保水性：指混凝土拌合物保持水分，不易产生泌水的性能。保水性差，泌水倾向加大，振捣后拌合物中的水分泌出、上浮，使水分流经的地方形成毛细孔隙，成为渗水通道；上浮到表面的水分，形成疏松层，如上面继续浇灌混凝土，则新旧混凝土之间形成薄弱的夹层；上浮过程中积聚在石子和钢筋下面的水分，形成水隙，影响水泥浆与石子和钢筋的粘结。

（2）和易性的测定

通常是测定拌合物的流动性、黏聚性和保水性。一般通过坍落度法进行目测。

1）测定时，将混凝土拌合物按规定方法装人坍落筒内，然后将筒垂直提起，由于自重会产生坍（塌）落现象，坍落的高度称为坍落度。坍落度越大，说明流动性越好。

2）黏聚性的检查方法，是用捣棒在已坍落的拌合物一侧轻敲，如果轻敲后拌合物保持整体，渐渐下沉，表明黏聚性好；如果拌合物突然倒塌，部分离析，表明黏聚性差。

3）保水性的检查方法，是当坍落筒提起后如有较多稀浆从底部析出而拌合物因失浆骨料外露，说明保水性差；如无浆或有少量的稀浆析出，拌合物含浆饱满，则保水性好。

（3）影响和易性的因素

1）用水量。用水量是决定混凝土拌合物流动性的主要因素。分布在水泥浆中的水量，决定了拌合物的流动性。拌合物中，水泥浆应填充骨料颗粒间的空隙，并在骨料颗粒表面形成润滑层以降低摩擦，由此可见，为了获得要求的流动性，必须有足够的水泥浆。试验表明，当混凝土所用粗、细骨料一定时，即使水泥用量有所变动，为获得要求的流动性，所用水量基本是一定的。流动性与用水量的这一关系称为恒定用水量法则。这给混凝土配合比设计带来很大方便。

注意：增加用水量虽然可以提高流动性，但用水量过又使拌合物的黏聚性和保水性变差，影响混凝土的强度和易性。因此，必须在保持水胶比即水与水泥的质量比不变的情况下，在增加用水量的同时，增加水泥的用量。

2）水胶比。水胶比决定着水泥浆的稀稠。为获得密实混凝土，所用的水胶比不宜过小；为保证拌合物有良好的黏性和保水性，所用的水胶比又不能过大。水胶比一般在 0.8～1.5。在此范围内，当混凝土中用水量一定时，水胶比的变化对流动性影响不大。

3）砂率。砂率是指混凝土中砂的用量占砂、石总量的百分数。当砂率过大时，由于骨料的空隙率与总表面积增在水泥浆用量一定的条件下，包覆骨料的水泥浆层减薄，流动性变差；若砂率过小，砂的体积不足以填满石子的空隙，要用部分水泥浆填充，使起润滑作用的水泥浆层减薄，混凝土变得粗涩，和易性变差，出现离析、溃散现象。而合理砂率在水泥浆量一定的情况下，使混凝土拌合物有良好的和易性；或者说，当采用合理砂率时，在混凝土拌合物有良好的和易性条件下，可使水泥用量最少。可见合理砂率，就是保持混凝土拌合物有良好黏聚性和保水性的最小砂率。

4）其他影响因素。影响和易性的其他因素有水泥品种、骨料条件、时间和温度、外加剂等。

2. 混凝土强度

（1）混凝土的抗压强度和强度等级

混凝土强度包括抗压、抗拉、抗弯和抗剪，其中以抗压强度为最高，所以混凝土主要用来抗压。混凝土的抗压强度是一项最重要的性能指标。按照国家规定，以边长为 150mm 的立方体试块，在标准养护条件下（温度为 20℃±2℃，相对湿度大于95%）养护 28d，测得的抗压强度值，称为立方抗压强度 f_{cu}。混凝土按强度分成若干强度等级，混凝土的强度等级是按立方体抗压强度标准值 $f_{cu,k}$ 划分的。立方体抗压强度标准值是立方抗压强度总体分布中的一个值，强度低于该值的百分率不超过 5%，即有 95% 的保证率。混凝土的强度分为 C15、C20、C25、C30、C35、C40、C45、C50、C55、C60、C65、C70、C75、C80 等 14个等级。

（2）普通混凝土受压破坏特点

混凝土受压破坏主要发生在水泥石与骨料的界面上。混凝土受荷载之前，粗骨料与水泥石界面上实际已存在细小裂缝。随着荷载的增加，裂缝的长度、宽度和数量也不断增加，若荷载是继续的，随时间延长即发生破坏。决定混凝土强度的应该是水泥石与粗骨料界面的粘结强度。

（3）影响混凝土强度主要因素

1）水泥强度和水胶比。混凝土强度主要决定于水泥石与粗骨料界面的粘结强度，而粘结强度又取决于水泥石强度。水泥石强度愈高，水泥石与粗骨料界面粘结强度也愈高。至于水泥石强度，则取决于水泥强度和水胶比。这是因为：水泥强度愈高，水泥石强度愈高，粘结力愈强，混凝土强度愈高。在水泥强度相同的情况下，混凝土强度则随水胶比的增大有规律地降低。但水胶比也不是愈小愈好，当水胶比过小时，水泥浆过于干稠，混凝土不易被振密实，反而导致混凝土强度降低。

2）龄期。混凝土在正常情况下，强度随着龄期的增加而增长，最初的 7～4d 内较快，以后增长逐渐缓慢，28d 后强度增长更慢。

3）养护温度和湿度。混凝土浇捣后，必须保持适当的温度和足够的湿度，使水泥充分水化，以保证混凝土强度的不断发展。一般规定，在自然养护时，对硅酸盐水泥、普通水泥、矿渣水泥配制的混凝土，浇水保湿养护日期不少于 7d；火山灰水泥、粉煤灰水泥、掺有缓凝型外加剂或有抗渗性要求的混凝土，则不得少于 14d。

4）施工质量。施工质量是影响混凝土强度的基本因素。若发生计量不准，搅拌不均匀，运输方式不当造成离析，振捣不密实等现象时，均会降低混凝土强度。因此必须严把施工质量关。

（4）提高混凝土强度措施

1）采用高强度等级水泥。

2）采用干硬性混凝土拌合物。

3）采用湿热处理：分为蒸汽养护和蒸压养护。蒸汽养护是在温度低于100℃的常压蒸汽中进行。一般混凝土经16～20h的蒸汽养护后，强度可达正常养护条件下28d强度的70％～80％。蒸压养护是在175℃，8atm（1atm＝0.1MPa）的蒸压釜内进行。在高温高压的条件下，可有效提高混凝土强度。

4）改进施工工艺：加强搅拌和振捣，采用混凝土拌合用水磁化、混凝土裹石搅拌等新技术。

5）加入外加剂：如加入减水剂和早强剂等，可提高混凝土强度。

3. 混凝土的变形性质

混凝土在硬化后和使用过程中，易受各种因素影响而产生变形，例如化学收缩、干湿变形、温度变形和荷载作用下的变形等，这些都是使混凝土产生裂缝的重要原因，直接影响混凝土的强度和耐久性。

（1）化学收缩。混凝土在硬化过程中，水泥水化后的体积小于水化前的体积，致使混凝土产生收缩，这种收缩称为化学收缩。

（2）干湿变形。当混凝土在水中硬化时，会引起微小膨胀，当在干燥空气中硬化时，会引起干缩。干缩变形对混凝土危害较大，它可使混凝土表面开裂，造成混凝土的耐久性严重降低。影响干湿变形的因素主要有：用水量（水胶比一定的条件下，用水量越多，干缩越大）、水胶比（水胶比大，干缩大）、水泥品种及细度（火山灰干缩大、粉煤灰干缩小；水泥细，干缩大）、养护条件（采用湿热处理，可减小干缩）。

（3）温度变形。温度升降1℃，每米胀缩0.01mm。温度变形对大体积混凝土极为不利。在混凝土硬化初期，放出较多的水化热，当混凝土较厚时，散热缓慢。致使内外温差较大，因而变形较大。

（4）荷载作用下的变形。混凝土的变形分为弹性变形和塑性变形。混凝土在持续荷载作用下，随时间增长的变形称为徐变。徐变变形初期增长较快，然后逐渐减慢，一般持续2～3年才逐渐趋于稳定。徐变可消除钢筋混凝土内的应力集中，使应力较均匀地重新分布，对大体积混凝土能消除一部分由于温度变形所产生的破坏应力。但在预应力混凝土结构中，徐变将使混凝土的预加应力受到损失。一般条件下，水胶比较大时，徐变较大；水胶比相同，用水量较大时，徐变较大；骨料级配好，最大粒径较大，弹性模量较大时，混凝土徐变较小；当混凝土在较早龄期受荷时，产生的徐变较大。

4. 混凝土的耐久性

抗渗性、抗冻性、抗侵蚀性、抗碳化性以及防止碱-骨料反应等，统称为混凝土的耐久性。提高耐久性的主要措施如下：

（1）选用适当品种的水泥。

（2）严格控制水胶比并保证足够的水泥用量。

（3）选用质量好的砂、石，严格控制骨料中的泥及有害杂质的含量。采用级配好的骨料。

（4）适当掺用减水剂和引气剂。

（5）在混凝土施工中，应搅拌均匀、振捣密实、加强养护等，以增强混凝土的密实性。

5. 拌合物的离析和泌水

（1）离析

拌合物的离析是指拌合因各组成材料分离而造成不均匀和失去连续性的现象。其形式有两种：一种是骨料从拌合物中分离；另一种是稀水泥浆从拌合物中淌出。虽然拌合物的离析是不可避免的，尤其是在粗骨料最大粒径较大的混凝土中，但适当的配合比、掺外加剂可尽量使离析减小。离析会使混凝土拌合物均匀性变差，硬化后混凝土的整体性、强度和耐久性降低。

（2）泌水

拌合物泌水是指拌合物在浇筑后到开始凝结期间，固体颗粒下沉，水上升，并在混凝土表面析出水的现象。泌水将造成如下后果。

1）块体上层水多，水胶比增大，质量必然低于下层拌合物；

引起块体质量不均匀，易于形成裂缝，降低了混凝土的使用性能。

2）部分泌水挟带细颗粒一直上升到混凝土顶面，再沉淀下来的细微物质称为乳皮，使顶面形成疏松层，降低了混凝土之间的粘结力。

3）部分泌水停留在石子下面或绕过石子上升，形成连通的孔道，水分蒸发后，这些孔道成为外界水分浸入混凝土内部的捷径，降低了混凝土的抗渗性和耐久性。

4）部分泌水停留在水平钢筋下表面，形成薄弱的间隙层，降低了钢筋与混凝土的粘结力。

5）由于泌水和其他一些原因，使混凝土在终凝以前产生少量的"沉陷"。

由此可见，泌水作用对于混凝土的质量有很不利的影响，必须尽可能减小混凝土的泌水。通常采用掺加适量混合材、外加剂，尽可能降低混凝土水胶比等有效措施来提高混凝土的保水性，从而减少泌水现象。

（三）混凝土试件

1. 试件的留置组数

同条件养护试件所对应的结构构件或结构部位，应由建设、监理、施工等各方共同选定，并在混凝土浇筑入模处见证取样；对混凝土结构工程中的各混凝土强度等级，均应留置同条件养护试件；同一强度等级的同条件养护试件，其留置的数量应按混凝土的施工质量控制要求确定，同一强度等级的同条件养护试件的留置数量不宜少于 10 组，以构成按统计方法评定混凝土强度的基本条件；对按非统计方法评定混凝土强度时，其留置数量不应少于 3 组，以保证有足够的代表性。

2. 试件的尺寸

立方体抗压强度标准值试件以按标准方法制作的边长

150mm 的立方体试件为标准试件，由于粗骨料粒径的不同，也可采用其他尺寸的试件，但检验评定混凝土强度用的混凝土试件的尺寸及强度应进行换算。

3. 混凝土试件的制作

（1）使用工具

标准试模、捣棒、锹、铁抹子、刷子。

（2）操作程序

清理试模→涂刷隔离剂→装 1/2 料→插捣→再装料→继续插捣→表面抹平→养护。

1）清理试模

试模是用厚钢板加工制作的，使用前应用刮刀或小铲清理试模内外灰尘及锈迹，保证试模内外清洁。

2）涂刷隔离剂

将事先准备好的隔离剂（废机油等），用小刷子将试模内壁、底板全部刷满隔离剂（或废机油），保证混凝土试模能顺利脱模。

3）装 1/2 料

将搅拌机搅拌好的混凝土拌合料取足够的数量分别给每个试模装至试模高的 1/2（1 组为 3 个试模）。

4）插捣

用捣棒按操作要点及规定先将装入的混凝土拌合料插捣密实。

5）再装料

在前面的一半料插捣密实后，应立即将剩下的一半混凝土拌合料迅速装入试模中。

6）继续插捣

当第二次装料完毕后，再继续用捣棒按中、上层操作方法和要求将混凝土试模中的拌合料插捣密实。

7）表面抹平

表面抹光，使混凝土试块面高于试模。静止 0.5h 后，对试块表面进行第 2 次抹面，抹光抹平。

8）养护

试件成型后应立即用不透水的薄膜覆盖表面。采用标准养护的试件，应在温度为（20±5）℃的环境中静置 1 昼夜至 2 昼夜，然后编号、拆模。拆模后应立即放入温度为（20±2）℃、相对湿度为 95% 以上的标准养护室中养护，或在温度为（20±2）℃的不流动的 $Ca(OH)_2$ 饱和溶液中养护。同条件养护试件，按现场实际情况进行养护，以求客观和较真实地反映施工现场的实际养护情况。

4. 混凝土强度的检验评定

（1）结构构件的混凝土强度应按现行国家标准《混凝土强度检验评定标准》的规定分批检验评定。对采用蒸汽法养护的混凝土结构构件，其混凝土试件应先随同结构构件同条件蒸汽养护，再转入标准条件养护共 28d。当混凝土中掺用矿物掺合料时，由于其强度增长较慢，以 28d 为验收龄期可能不合适。所以，确定混凝土强度时的龄期可按现行国家标准《粉煤灰混凝土应用技术规范》等的规定取值。

（2）检验评定混凝土强度用的混凝土试件尺寸及强度的尺寸换算系数应按表 3-1 取用；其标准成型方法、标准养护条件及强度试验方法应符合普通混凝土力学性能试验方法标准的规定。

混凝土试件尺寸及强度的尺寸换算系数　　　　　表 3-1

骨料最大粒径（mm）	试件尺寸（mm）	强度的尺寸换算系数
≤31.5	100×100×100	0.95
≤40	150×150×150	1.00
≤63	200×200×200	1.05

（3）由于同条件养护试件具有与结构混凝土相同的原材料、配合比和养护条件，能有效代表结构混凝土的实际质量。所以，结构构件拆模、出池、出厂、吊装、张拉、放张及施工期间临时负荷时的混凝土强度，应根据同条件养护的标准尺寸试件的混凝土强度确定。

（4）当混凝土试件强度评定不合格时，可采用非破损或局部破损的检测方法（例如回弹法、超声回弹综合法、钻芯法、后装拨出法等），按国家现行有关标准的规定对结构构件中的混凝土强度进行推定，并作为处理的依据。

（5）室外日平均气温连续 5d 稳定低于 5℃时，混凝土分项工程应采取冬期施工措施，混凝土的冬期施工应符合国家现行行业标准《建筑工程冬期施工规程》JGJ/T 104—2011 和施工技术方案的规定。

（四）混凝土坍落度测定

1. 混凝土坍落度的选用

坍落度是表示混凝土拌合物稠度的一种指标，以此确定混凝土拌合物浇筑时的流动性。根据坍落度不同，混凝土拌合物分为：塑性混凝（坍落度大于 30mm）、低流动性混凝（坍落度 10～30mm）和干硬性混凝（坍落度小于 10mm）。干硬性混凝土应以维勃度来评定拌合物的流动性。

混凝土坍落度以"mm"为单位表示，坍落度值小说明混凝土拌合物的流动性小，流动性小的混凝土不易振捣密实，影响施工质量，甚至造成施工质量事故。坍落度过大的混凝土会使混凝土振捣时出现分层现象，使混凝土质量不均匀。所以，混凝土拌合物的坍落度应在一个适宜的范围内。混凝土拌合物的坍落度可根据结构种类、钢筋的疏密程度及振捣方法按表3-2选用。

混凝土浇筑时的坍落度选择　　　　　　表 3-2

结构种类	坍落度（mm）
基础或地面等的垫层、无配筋的大体积结构（挡土墙、基础等）或配筋稀疏的结构	10～30
梁、板和大型及中型截面的柱子等	30～50

结构种类	坍落度（mm）
配筋密集的结构（薄壁、斗仓、筒仓、细柱等）	50～70
配筋特密的结构	70～90

注：1. 表中是采用机械振动的坍落度；采用人工振捣时可适当增大。

　　2. 需要配制大坍落度混凝土时，应掺用外加剂。

　　3. 曲面和斜面结构混凝土，其坍落度值，应根据实际需要另行选定。

　　4. 轻骨料混凝土的坍落度，宜比表中数值减少 10～20mm。

2. 混凝土坍落度的测定

（1）使用工具

铁板、锹、圆锥形的坍落度筒（如图 3-1）、捣棒、抹子、30cm 钢刀。

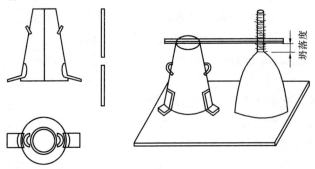

图 3-1　混凝土坍落度的测定

（2）操作程序

放平铁板和坍落度筒→润湿坍落度筒→装填混凝土混合料→捣实→刮平→提筒→测量→记录。

1）放平铁板和坍落度筒

在混凝土搅拌机前找一块平整场地，将铁板放置平整，并将坍落度筒放在铁板上一边。

2）润湿坍落度筒

在放入混凝土混合料以前将坍落度筒内用清水润湿，然后将铁板面上用湿布擦净。

3）装填混凝土混合料

在混凝土搅拌机出料时，随机抽取一份试样，并分三次、三层装入筒内，每次装料高度应稍高于坍落度筒高度的1/3。

4）捣实

每装一层用捣棒垂直插捣 25 次，直到第三层插捣完毕。

5）刮平

三层捣实完毕后，将筒上端溢出的混凝土用抹刀刮去，并抹平表面。

6）提筒

将坍落度筒垂直向上慢慢提起，并将坍落度筒放在已经坍落的混凝土试样一旁。

7）测量

用一根较长、平直的木尺，放在坍落度筒上端，保持木尺水平状，然后用钢尺量出坍落度筒上端面至混凝土试样顶面中心的垂直距离。

8）记录

用事先准备好的表格纸，将每次测量的混凝土坍落度详细记录下来，以便鉴定混凝土坍落度值是否符合设计要求。

（3）结果评定

混凝土坍落度以两次测定结果的算术平均值表示，每次须换用新的拌合物作测试材料。

做好坍落度测试的同时，可用目测方法测定混凝土拌合物的下列性质，并记在记录本上：

1）棍度：按插捣混凝土拌合物时的难易程度评定，分为"上"、"中"、"下"三级。"上"表示插捣很容易；"中"表示插捣时稍有石子阻滞的感觉；"下"表示很难插捣。

2）含砂情况：按混凝土拌合物外观含砂多少而评定。分"多"、"中"、"少"三级。"多"表示用抹子抹混凝土表面时，1～2次即可将混凝土表面抹平，砂浆含量十分富余；"中"表示用抹子抹混凝土表面时，要抹 5～6 次才可将混凝土表面抹平；"少"表示抹平很困难，表面有麻面状态。

3）黏聚性：观察混凝土拌合物各组成成分相互黏聚情况，评定方法是用捣棒在已坍落的混凝土锥体一侧轻轻敲打，如果锥体在敲打后渐渐下沉，表示黏聚性好，如果锥体突然倒塌，部分崩裂或发生石子离析现象，即表示黏聚性不好。

4）析水情况：指水分从拌合物中析出情况，分"多量"、"少量"、"无"三级评定。"多量"表示提起坍落度圆锥筒后，有较多水分从底部析出；"少量"表示提起坍落度圆锥筒后，有少量水分从底部析出；"无"表示提起坍落度圆锥筒后，无水分从底部析出。

（4）注意事项

1）每次测量混凝土坍落度前应将坍落度筒内外擦净，用水湿润，放在用水湿润的平板上，用双脚踩紧踏板。

2）装料时应注意不要将混凝土拌合料掉落在铁板上，散落的拌合料应立即掺入到坍落度筒内，保持铁板上干净。装料应分 3 层装入筒内，每次装入量略高于 1/3 筒高，切不可一次装入过多。

3）振捣时应在全部面积上进行，沿螺旋线由边缘向中心，插捣底层混凝土时，捣棒应插至底部，插捣其他两层时应插捣至下层表面为止。插捣时，捣棒需垂直（弹头形捣棒用直径 16mm、长 650mm 的圈层棒制造）。

4）3 层捣实完毕后，应立即将上端溢出的混凝土用抹子刮去，并抹平表面，将筒周围平板上的混凝土刮净，以免影响坍落度的测定。

5）提起坍落度筒时，应小心垂直向上提起，不得歪斜。坍落度筒提起后，应将筒放在锥体混凝土试样一旁后立即进行测量，水平尺应放置水平（可用长水平尺进行）。用钢尺量出筒顶面与坍落后混凝土试体顶面中心之间的高度差时，钢尺要垂直，不可歪斜，以确保测量数据的准确。

（五）水　　泥

水泥通常按其用途、性能分为通用水泥、专用水泥、特性水泥三种。其中，通用水泥为一般土木建筑工程常采用的水泥，专用水泥为专门用途的水泥，特性水泥为某种性能比较突出的水泥。

水泥也可按其水硬性物质名称分类分为硅酸盐水泥（国际通称波特兰水泥）、铝酸盐水泥、硫铝酸盐水泥、铁铝酸盐水泥、氟铝酸盐水泥；还可以按其主要技术特性分类分为快硬性水泥、水化热性水泥、抗硫酸盐腐蚀性水泥、膨胀性水泥、耐高温性水泥等。

1. 通用硅酸盐水泥

通用硅酸盐水泥是指一般土木工程常采用的水泥，是以硅酸盐水泥熟料和适量的石膏及规定的混合材料制成的水硬性胶凝材料。它主要包括硅酸盐水泥、普通硅酸盐水泥、矿渣硅酸盐水泥、火山灰质硅酸盐水泥、粉煤灰硅酸盐水泥和复合硅酸盐水泥。

（1）硅酸盐水泥

在硅酸盐水泥中不掺石灰石或粒化高炉矿渣混合材料的为Ⅰ型硅酸盐水泥，代号为P·Ⅰ；在硅酸盐水泥熟料粉磨时，掺加不超过水泥重量5%的石灰或粒化高炉矿渣混合材料的为Ⅱ型水泥，代号为P·Ⅱ。

1）硅酸盐水泥熟料的主要矿物组成

硅酸盐水泥熟料的主要矿物组成及其含量见表3-3。

硅酸盐水泥熟料主要矿物组成及其含量　　　　表3-3

化合物名称	氧化物成分	缩写符号	含量（%）
硅酸三钙	$3CaO \cdot SiO$	C_3S	$36 \sim 60$
硅酸二钙	$2CaO \cdot SiO$	C_2S	$15 \sim 37$
铝酸三钙	$3CaO \cdot Al_2O_3$	C_3A	$7 \sim 15$
铁铝酸四钙	$4CaO \cdot Al_2O_3 \cdot Fe_2O_3$	C_4AF	$10 \sim 18$

各种熟料矿物单独与水作用的性质见表3-4。

各种熟料矿物单独与水作用的性质 表 3-4

性　　质	硅酸三钙	硅酸二钙	铝酸三钙	铁铝酸四钙
凝结硬化速度	快	慢	最快	较快
28d 水化放热量	大	小	最大	中
强度大小（发展）	早后期高 （发展快）	早低后高 （发展慢）	发展最快、强度低	中
抗化学腐蚀性	中	最大	—	大
干燥、收缩	中	大	—	小

2）硅酸盐水泥的主要技术性质

① 密度与堆积密度：硅酸盐水泥的密度，主要决定于熟料的矿物成分，一般在 3.1～3.2g/cm^3 之间。硅酸盐水泥在松散状态时的堆积密度，一般在 900～1300kg/m^3 之间。紧密状态时的堆积密度可达 1400～1700kg/m^3。

② 不溶物：Ⅰ型硅酸盐水泥中不溶物不得超过 0.75％。Ⅱ型硅酸盐水泥中不溶物不得超过 1.50％。

③ 氧化镁含量：水泥中氧化镁含量不得超过 5.0％。如果水泥经压蒸试验合格，则水泥中氧化镁含量允许放宽到 6.0％。

④ 三氧化硫含量：水泥中三氧化硫的含量不得超过 3.5％。

⑤ 烧失量：烧失量是指水泥在一定温度和灼烧时间内，失去重量等占的百分数。Ⅰ型硅酸盐水泥中烧失量不得大于 3.0％。Ⅱ型硅酸盐水泥中烧失量不得大于 3.5％。

⑥ 细度：细度是指水泥颗粒的粗细程度。同样成分的水泥，颗粒越细，与水反应的表面积越大，因而水化作用既迅速又完全，凝结硬化速度加快，早期强度也越高，但硬化收缩较大，水泥易于受潮。所以水泥的细度是影响水泥性能的重要物理指标。

⑦ 凝结时间：水泥凝结时间分为初凝和终凝。初凝时间是从水泥加水拌合起至水泥浆开始失去可塑性所需的时间；终凝时

间则从水泥加水拌合起至水泥浆完全失去可塑性并开始产生强度所需的时间。水泥的凝结时间对工程施工具有重要意义，水泥的初凝不宜过早，以便在施工时有充足的时间进行混凝土和砂浆的搅拌、运输、浇捣或砌筑等操作；水泥的终凝时间不宜过迟，以使混凝土在施工完毕后能尽快地硬化，达到一定的强度，有利于加快工程进度。硅酸盐水泥初凝时间不得早于 45min，终凝时间不得迟于 390min。

⑧ 体积安定性：体积安定性是指水泥在硬化过程中体积变化是否均匀的性质。体积安定性不良的水泥，会使已经硬化的混凝土结构出现体积膨胀造成开裂，从而引起严重的工程质量事故。

造成水泥安全性不良的主要原因是：水泥熟料中含有过多的游离氧化钙（f-CaO）、游离氧化镁（f-MgO）或掺入石膏量过多造成的。熟料中所含游离氧化钙、游离氧化镁都是过烧的，水化速度极慢，往往在水泥硬化后才开始水化，这些氧化物在水化时体积剧烈膨胀，使已经硬化的水泥石造成开裂。当石膏掺量过多时，在水泥硬化后，过量的石膏与水化铝酸三钙反应生成三硫型水化硫铝酸钙，固体体积膨胀使水泥石开裂。标准规定，用沸煮法检验必须合格。

硅酸盐水泥物理、化学指标见表 3-5。

硅酸盐水泥物理、化学指标　　表 3-5

项　目		不溶物（%）	烧失量（%）	SO_3（%）	细度（m^2/kg）	凝结时间		安定性	M_gO（%）
						初凝（min）	终凝（min）		
指标	Ⅰ型	≤0.75	≤3	3.5	≥300	>45	<390	合格	≤5
	Ⅱ型	≤1.5	≤3						

⑨ 强度等级：水泥强度等级是水泥性能的重要指标，也是评定硅酸盐水泥强度等级的依据。国家标准规定，将水泥与标准

砂按 1∶3 比例混合，按 0.5 水胶比加入规定数量的水，拌成为均匀胶砂，再按规定方法成型，制成 40mm×40mm×160mm 的水泥胶砂试件，在标准条件下养护后进行抗折、抗压强度试验，根据 3d、28d 龄期的强度分为 42.5、42.5R、52.5、52.5R、62.5、62.5R 六种等级。各种等级水泥在各龄期的强度不得低于表 3-6 规定的数值。

硅酸盐水泥各龄期强度（MPa）　　　　表 3-6

品　种	强度等级	抗压强度		抗折强度	
		3d	28d	3d	28d
硅酸盐水泥	42.5	≥17	≥42.5	≥3.5	≥6.5
	42.5R	≥22		≥4.0	
	52.5	≥23	≥52.5		≥7.0
	52.5R	≥27		≥5.0	
	62.5	≥28	≥62.5	≥5.5	≥8.0
	62.5R	≥32			

　　硅酸盐水泥的强度主要取决于熟料的矿物组成和水泥的细度。如前所述，四种主要矿物成分的强度各不相同，它们相对含量改变时，水泥的强度及其增长速度也随之变化。硅酸三钙含量多、粉磨较细的水泥，强度增长快，最终强度也较高。此外，养护条件对水泥的强度也会产生一定的影响。

　　⑩ 水化热：水泥在凝结硬化过程中放出的热量，称为水泥的水化热。水泥的水化放热量和放热速度主要取决于水泥的矿物成分和细度。硅酸盐水泥水化热大，这对于大体积混凝土来讲，由于热量积聚在内部不易发散，使内外产生很大的温度差，引起内应力，使混凝土产生裂缝。但水化热大对混凝土的冬期施工是有利的。

　　⑪ 碱含量：硅酸盐水泥中碱含量是按 $Na_2O+0.658K_2O$ 计

算值来表示的，若配制混凝土时，使用活性骨料，应选用低碱水泥，碱含量应小于 0.6%，以避免发生碱骨料反应。

3）硅酸盐水泥的抗腐蚀性

硅酸盐水泥硬化而成的水泥石，在通常使用条件下是耐久的。但在某些侵蚀性介质的作用下，水泥石的结构会逐渐遭到破坏，促使强度降低，以致全部溃裂，这种现象称为水泥腐蚀。引起水泥石腐蚀的典型情况有下列几种：

① 长期处于软水中会出现溶出性侵蚀

含重碳酸盐甚少的河水与湖水都属于软水。水泥石长期处于软水环境中，水泥石中的氢氧化钙极易溶解于软水中，氢氧化钙的溶出会促使水泥石其他水化物的分解，导致水泥石结构的破坏，强度降低。如果水泥石处于流动水的环境中，这种破坏会加速。

② 一般酸性腐蚀

有些地下水或工业污水中常含有游离的酸性物质，这种酸性物质能与水泥石中的氢氧化钙作用生成相应的钙盐，可生成的钙盐易溶于水，或在水泥石孔隙内形成结晶，体积膨胀，而产生破坏作用。例如，盐酸与水泥石中的氢氧化钙作用生成极易溶于水的氯化钙。反应方程式如下：

$$Ca(OH)_2 + 2HCl \longrightarrow CaCl_2 + 2H_2O$$

硫酸与水泥石中的氢氧化钙作用生成二水石膏，生成的石膏在水泥石孔隙内结晶，体积剧烈膨胀，或者由于水泥石中生成的水化铝酸三钙作用，生成三硫型水化硫铝酸结晶，体积剧烈膨胀，造成水泥石的破坏。

③ 硫酸盐的腐蚀

在海水、地下水及盐海水中，常含有大量的硫酸盐，常见约有硫酸钠、硫酸钾、硫酸铁及硫酸钙等，它们有的与水泥石中氢氧化钙置换反应生成硫酸钙。化学反应方程式如下：

$$Ca(OH)_2 + NaSO_4 + 2H_2O \longrightarrow CaSO_4 \cdot 2H_2O + 2NaOH$$

生成的硫酸钙与水泥石的水化铝酸三钙进一步发生反应，生成破坏性更大的三硫型水化硫铝酸钙。化学反应方程式如前所述。

④ 硅酸盐水泥的主要特性

A. 硅酸盐水泥凝结硬化快，早、后期强度高。

B. 水化时放热集中，水化热量大。

C. 抗冻性好，耐磨性好。

D. 抗腐蚀性差，尤其是抗硫酸盐侵蚀性差。

E. 对外加剂的作用较敏感，具有较好的效果。

（2）普通硅酸盐水泥

按国家标准规定：凡由硅酸盐水泥熟料、6％～15％混合材料、适量石膏磨细制成的水硬性胶凝材料，称为普通硅酸盐水泥（简称普通水泥），代号 P•O。

普通水泥中掺混合材料量是按水泥重量的百分比计算的。当掺活性混合材料时，不得超过 15％。其中允许用不超过 5％的窑灰或不超过 10％的非活性混合材料来代替。当掺非活性混合材料时，不得超过 10％。

普通水泥中掺入少量混合材料的主要目的是调节水泥的强度等级，增加强度等级较低的水泥品种，以利合理选用。普通水泥中，由于混合材料掺量不多，与硅酸盐水泥相比，其性能变化不大，即普通水泥与硅酸盐水泥的主要特性相似，但普通水泥适用性更广一些。

普通水泥的主要技术性质与硅酸盐水泥的不同点主要表现在以下几个方面：

1）烧失量：普通水泥烧失量不得大于 5％。

2）细度：普通水泥用 0.08mm 方孔筛过筛，筛余量不得超过 10％。

3）凝结时间：普通水泥初凝时间不得早于 45min，终凝时间不得迟于 10h。

4）强度等级：普通水泥有 42.5、42.5R、52.5、52.5R 四个强度等级。其中带 "R" 者为早强型水泥。普通水泥的强度等级及各龄期强度、普通水泥物理化学指标见表 3-7。

普通硅酸盐水泥各龄期强度（MPa）　　表 3-7

品　种	强度等级	抗压强度		抗折强度	
		3d	28d	3d	28d
普通硅酸盐水泥	42.5	≥17	≥42.5	≥3.5	≥6.5
	42.5R	≥22		≥4.0	
	52.5	≥23	≥52.5	≥4.0	≥7.0
	52.5R	≥27		≥5.0	

普通水泥物理化学指标　　表 3-8

项目	烧失量（%）	SO₃（%）	细度（%）	凝结时间		安定性	MgO（%）
				初凝（min）	终凝（min）		
指标	≤5	3.5	≤10	>45	<600	合格	≤5

（3）矿渣硅酸盐水泥、火山灰质硅酸盐水泥、粉煤灰硅酸盐水泥

1）定义与代号

① 矿渣硅酸盐水泥。凡由硅酸盐水泥熟料和粒化高炉矿渣、适量石膏磨细制成的水硬性胶凝材料称为矿渣硅酸盐水泥（简称矿渣水泥），代号 P·S。水泥中粒化高炉矿渣掺加量按重量百分比计为大于 20% 且不大于 70%。允许用石灰石、窑灰、粉煤灰和火山灰质混合材料中的一种材料代替矿渣，代替数量不得超过水泥重量的 8%，替代后水泥中粒化高炉矿渣不得少于 20%。

② 火山灰质硅酸盐水泥。凡由硅酸盐水泥熟料和火山灰质混合材料、适量石膏磨细制成的水硬性胶凝材料称为火山灰质硅酸盐水泥（简称火山灰水泥），代号 P·P。水泥中火山灰质混合材料掺量按重量百分比计为大于 20% 且不大于 40%。

③ 粉煤灰硅酸盐水泥。凡有硅酸盐水泥熟料和粉煤灰、适量石膏磨细制成的水硬性胶凝材料称为粉煤灰硅酸盐水泥（简称粉煤灰水泥），代号 P·F。水泥中粉煤灰掺量按重量百分比计为 20%～40%。

2）主要技术性质

① 密度和堆积密度：矿渣、火山灰、粉煤灰三种水泥的密度大致在 $2.8 \sim 3.1g/cm^3$，范围内，堆积密度大致为 $900 \sim 1200kg/m^3$。

② 三氧化硫含量：矿渣水泥中三氧化硫含量不得超过 4%。火山灰水泥和粉煤灰水泥中三氧化硫的含量不得超过 3.5%。

③ 细度：用 $80\mu m$ 的方孔筛筛余量不得超过 10%。

④ 凝结时间：初凝时间不得早于 45min，终凝时间不得迟于 10h。

⑤ 安定性：用沸煮法检验必须合格。

矿渣、火山灰、粉煤灰三种水泥的物理化学指标见表3-9。

三种水泥物理化学指标　　　　表 3-9

项目	烧失量（%）	SO₃（%）		细度（%）	凝结时间		安定性	MgO（%）
		PS	PP、PF、PC		初凝（min）	终凝（min）		
指标	≤5	4	3.5	≤10	>45	<600	合格	≤6

⑥ 强度等级：矿渣、火山灰、粉煤灰三种水泥的强度等级及各龄期强度见表3-10。

三种水泥各龄期强度（MPa）　　　　表 3-10

品 种	强度等级	抗压强度		抗折强度	
		3d	28d	3d	28d
矿渣、火山灰、粉煤灰硅酸盐水泥	32.5	≥10	≥32.5	≥2.5	≥5.5
	32.5R	≥15		≥3.5	
	42.5		≥42.5		≥6.5
	42.5R	≥19		≥4.0	
	52.5	≥21	≥52.5		≥7.0
	52.5R	≥23		≥4.5	

⑦ 碱含量：矿渣、火山灰、粉煤灰三种水泥的碱含量均按

$Na_2O+0.65K_2O$ 计算值来表示，若使用活性骨料，应选用含碱量低的水泥，含量应小于 0.6%，以避免发生碱骨料反应。

⑧水化热：矿渣、火山灰、粉煤灰这三种水泥中由于掺入大量混合材料，所以水泥中的熟料矿物含量比硅酸盐水泥少得多，水化热大、凝结硬化快的硅酸三钙、铝酸三钙的含量相对减少，造成水泥的水化热量少，放热速度慢。如火山灰水泥一般 5d 内的水化热仅是同强度等级普通水泥的 70% 左右。

3）抗腐蚀性

矿渣、火山灰、粉煤灰三种水泥中掺入大量混合材料后，水泥中硅酸三钙、铝酸三钙的含量相对减少，水泥水化后所析出的氢氧化钙较少，而且在与活性混合材料作用时，又消耗掉大量的氢氧化钙，使水泥石中剩下的氢氧化钙就更少了，另一方面因水化后生成的水化铝酸三钙量大幅度减少，致使这三种水泥抵抗软水、海水及硫酸盐侵蚀的能力增强。

4）水泥的特性

矿渣、火山灰、粉煤灰三种水泥的共同特性是：凝结硬化慢，早期强度低，后期强度增长快，甚至超过同强度等级的硅酸盐水泥。水化放热速度慢，放热量小。对温度敏感性较高，温度较低时，硬化速度慢，抗冻性差；温度较高时，硬化速度大大加快，往往超过硅酸盐水泥的强度增长速度，因此适宜蒸汽养护。由于三种水泥硬化后，水泥石中能引起腐蚀的氢氧化钙及水化铝酸三钙减少，抵抗软水及硫酸盐介质的侵蚀能力较硅酸盐水泥高。但抗碳化能力较差。

除了具有上述共性外，矿渣水泥和火山灰水泥的干缩性大，而粉煤灰水泥干缩性小；火山灰水泥的泌水性小，抗渗性较高，而矿渣水泥泌水性较大，但耐热性较好。

（4）通用水泥的验收

1）外包装及数量验收

水泥验收时应注意核对包装上所注明的工厂名称、生产许可证编号、水泥品种、代号、混合材料名称、出厂日期及包装标志等项。通用水泥包装标志见表 3-11。

通用水泥包装与标志 表 3-11

水泥名称	包装标志
硅酸盐水泥 普通硅酸盐水泥	1. 水泥包装袋上应清楚标明：执行标准、水泥品种、代号、强度等级、生产者名称、生产许可证标志（QS）及编号、出厂编号、包装日期、净含量。 2. 包装袋两侧应根据水泥的品种采用不同的颜色印刷水泥名称和强度等级，硅酸盐水泥和普通硅酸盐水泥采用红色
火山灰质硅酸盐水泥 粉煤灰硅酸盐水泥 复合硅酸盐水泥	1. 水泥包装袋上应清楚标明：执行标准、水泥品种、代号、强度等级、生产者名称、生产许可证标志（QS）及编号、出厂编号、包装日期、净含量。 2. 包装袋两侧应根据水泥的品种采用不同的颜色印刷水泥名称和强度等级，矿渣硅酸盐水泥采用绿色；火山灰质硅酸盐水泥、粉煤灰硅酸盐水泥和复合硅酸盐水泥采用黑色或蓝色

袋装水泥数量验收，每袋净重 50kg，且不得少于标志数量的 99%，验收时随机抽取 20 袋水泥总重量不得少于 1000kg。

2）质量验收

① 废品的评定标准。凡是氧化镁、三氧化硫、初凝时间、安定性中任一项不符合标准规定者，均为废品。

② 不合格品评定标准。硅酸盐水泥、普通硅酸盐水泥，凡细度、终凝时间、不溶物和烧失量中的任一项不符合标准规定者为不合格水泥；矿渣水泥、火山灰水泥、粉煤灰水泥，凡细度、终凝时间中的任一项不符合标准者，为不合格水泥；混合料掺入时超过最大限量和强度低于强度等级规定的指标时，均为不合格品。水泥包装标志中水泥品种、强度等级、工厂名称和出厂编号不全的也属于不合格品。

（5）水泥保管

1) 水泥应按不同的生产厂家、不同品种、强度等级、批号分别运输和堆放，先出厂的水泥应先使用。

2) 水泥在储运过程中应防止受潮。水泥受潮后，水泥中的活性矿物会与水发生水化反应，使水泥结块，活性下降、强度下降。

3) 水泥储存期一般不超过三个月，储存期过长，也会降低水泥活性，导致强度下降。超过三个月储存期的视为过期水泥。过期水泥在使用前应重新试验其活性。

2. 特性水泥

（1）铝酸盐水泥

铝酸盐水泥是以铝酸钙为主的铝酸盐水泥熟料，磨细制成的水硬性胶凝材料，代号 CA。

1) 分类

铝酸盐水泥按 Al_2O_3，含量百分数分为四类：

CA-50：$50\% \leqslant Al_2O_3 < 60\%$；

CA-60：$60\% \leqslant Al_2O_3 < 68\%$；

CA-70：$68\% \leqslant Al_2O_3 < 77\%$；

CA-80：$77\% \leqslant Al_2O_3$。

2) 铝酸盐水泥的技术要求

① 化学成分。

铝酸盐水泥的化学成分按水泥重量百分比计应符合表 3-12 要求。

铝酸盐水泥的化学成分　　　　　表 3-12

类　型	Al_2O_3（%）	SiO_3（%）	Fe_2O_3（%）	R_2O（Na_2O+ $0.658K_2O$）	S（全硫）	Cl
CA-50	$\geqslant 50$，<60	$\leqslant 8.0$	$\leqslant 2.5$	$\leqslant 0.4$	$\leqslant 0.1$	$\leqslant 0.1$
CA-60	$\geqslant 60$，<68	$\leqslant 5.0$	$\leqslant 2.0$			
CA-70	$\geqslant 68$，<77	$\leqslant 1.0$	$\leqslant 0.7$			
CA-80	$\geqslant 77$	$\leqslant 0.5$	$\leqslant 0.5$			

② 物理性能。

A. 细度：比表面积不小于 $300m^2/kg$ 或用 $0.045mm$ 标准筛过筛，其筛余量不大于 20%，由供需双方商定；在无约定的情况下发生争议时以比表面积为准。

B. 凝结时间：凝结时间（胶砂）应符合表 3-13 规定。

凝 结 时 间　　　　　　　　　表 3-13

水泥类型	初凝时间不得早于（min）	终凝时间不得迟于（h）
CA-50，CA-70，CA-80	30	6
CA60	60	18

C. 强度：强度应符合表 3-14 规定。

水泥胶砂强度　　　　　　　　　表 3-14

水泥类型	抗压强度（MPa）				抗折强度（MPa）			
	6h	1d	3d	28d	6h	1d	3d	28d
CA-50	20	40	50	—	3.0	5.5	6.5	—
CA-60	—	20	45	85	—	2.5	5.0	10.0
CA-70	—	30	40		—	5.0	6.0	
CA-80	—	25	30		—	4.0	5.0	

3）铝酸盐水泥的特性和应用

① 铝酸盐水泥水化热量大且放热速度快而集中，1d 内放出水化热总量的 $70\%\sim80\%$，不宜用于大体积混凝土工程。

② 最适宜的硬化温度为 15℃ 左右，一般不超过 25℃。在这样的硬化温度下铝酸盐水泥水化反应后的水化产物是以水化铝酸二钙和水化铝酸一钙为主。这些水化物是具有针状和片状的晶体，它们互相交错攀附，重叠结合，形成坚硬的晶体骨架；同时，铝酸盐水泥水化反应后生成的氢氧化铝凝胶，填充于晶体骨架的空隙，形成较致密的结构，使水泥石获得较高的强度。

当铝酸盐水泥的硬化温度在 300℃ 以上时，其水化反应后的水化产物由原来的低钙型水化铝酸一钙、水化铝酸二钙转变成高钙型的水化铝酸三钙。固相体积约为原来的 50%，而孔隙体积大大增加，强度明显下降。因此，高铝水泥构件不得用蒸汽养护；也不能在高温季节施工；不能使用在长期处于温热环境中的结构。需要注意的是，水化铝酸一钙和水化铝酸二钙是不稳定的晶体，在常温下能缓慢地转化为稳定的水化铝酸三钙。当温度升高时，这种转化会加速。在转化过程中，不仅晶形发生变化，而且析出较多的游离水，因此，铝酸盐水泥的后期强度会有所下降。

③ 铝酸盐水泥与硅酸盐水泥或石灰相混不但产生闪凝，而且生成高钙型的水化铝酸钙，使混凝土开裂，甚至破坏。因此，施工时除不得与石灰和硅酸盐水泥混合外，也不得与尚未硬化的硅酸盐水泥接触使用。

④ 铝酸盐水泥有良好的耐热性，如果与耐火骨料配合使用，可配制成使用温度达 1300～1400℃的耐热混凝土。

⑤ 水泥凝结硬化快，早期强度很高，可用于国防工程、道路桥梁及特殊的抢修工程；也适用于冬季施工工程。

⑥ 水泥抗碱性极差，不得用于接触碱性溶液的工程。

（2）低热微膨胀水泥

凡以粒化高炉矿渣为主要组分，加入适量硅酸盐水泥熟料和石膏，磨细制成的具有低水化热和微膨胀性能的水硬性胶凝材料，称为低热微膨胀水泥，代号 LHEC。

1）主要质量指标

① 三氧化硫含量：水泥中三氧化硫含量应为 4%～7%。

② 细度（用比表面积表示）：水泥比表面积不得小于 300m²/kg。

③ 凝结时间：初凝不得早于 45min；终凝不得迟于 12h，也可由生产单位和使用单位商定。

④ 安定性：用沸煮法检验必须合格。

⑤ 强度：各强度等级水泥各龄期强度不得低于表 3-15 规定。

低热微膨胀水泥强度指标（MPa）　　　表 3-15

水泥强度等级	抗压强度		抗折强度	
	7d	28d	7d	28d
32.5	18.0	32.5	5	7

⑥水化热：各标号水泥各龄期水化热不得超过表 3-16 规定。

低热微膨胀水泥水化热指标　　　表 3-16

水泥强度等级	水化热	
	3d	7d
32.5	185	220

⑦ 线膨胀率：水泥净浆试体水中养护各龄期的线膨胀率应符合表 3-17 要求。

低热微膨胀水泥线膨胀率指标　　　表 3-17

龄　　期	线膨胀率（％）
1d	≥0.05
7d	≥0.10
28d	≥0.60

2）特性和应用

低热微膨胀水泥强度中等，水化热较小，在硬化过程中会有微量膨胀，硬化后能形成较致密的水泥石。这种水泥适用于要求水化热较低和要求补偿收缩的大体积混凝土；适宜制作防水层和防水混凝土；也可用于填灌预留孔洞、预制构件的接缝及管道接头、结构加固和修补等工程；还可以用于抗硫酸盐侵蚀的混凝土工程。但不宜用于长期暴露于干燥环境中的重要工程。

3）废品与不合格品

凡三氧化硫、初凝时间、安定性、线膨胀率中的任何一项不符合标准规定，或水化热超过最高标号水泥的指标，或强度低于最低标号指标时，均为废品。

凡比表面积、终凝时间中的任一项不符合标准规定，或水化热超过商品标号规定的指标，或强度低于商品标号规定的指标，或包装标志不全的，为不合格品。

4）包装与标志

袋装水泥数量验收，每袋净重50kg，且不得少于标志数量的99%，验收时随机抽取20袋水泥总重量不得少于1000kg。

水泥包装袋上应清楚标明：执行标准、水泥品种、代号、强度等级、生产者名称、生产许可证标志（QS）及编号、出厂编号、包装日期、净含量。包装袋两侧应根据水泥的品种采用不同的颜色印刷水泥名称和强度等级，矿渣硅酸盐水泥采用绿色；低热微膨胀水泥采用黑色。

（3）明矾石膨胀水泥

凡以硅酸盐水泥熟料为主，天然明矾石、石膏和粒化高炉矿渣（或粉煤灰），按适当比例磨细制成的，具有膨胀性能的水硬性胶凝材料，称为明矾石膨胀水泥。

1）主要技术要求

明矾石膨胀水泥的主要技术指标见表3-18。

明矾石膨胀水泥技术指标　　　　表3-18

组成	采用42.5级以上的硅酸盐水泥熟料，Al_2O_3含量不小于25%，天然硬石膏，矿渣，粉煤灰			
细度	比表面积≥400m²/kg			
初凝时间	≥45min			
终凝时间	≤6h			
强度（MPa）	标号		32.5	42.5	52.5
	抗压	3d	13	17	23
		7d	21	27	33
		28d	32.5	42.5	52.5
	抗折	3d	3	3.5	4
		7d	4	5	5.5
		28d	6	7.5	8.5

膨胀率（%）	3d≥0.015%；28d≤0.1%
不透水性	3d 不透水性应合格
SiO_3 含量	≤8%

2）特性和应用

明矾石膨胀水泥属硅酸盐型膨胀水泥，硬化后能形成较致密的水泥石，抗渗性较好，常用于补偿收缩，防渗抹面，接缝及梁、柱、管道的接头，固结机座和地脚螺栓等。

明矾石膨胀硅酸盐水泥曾被成功地用于毛主席纪念堂后浇缝和亚运会等工程，均起到了补偿收缩，抗震防渗的良好作用。

3）废品与不合格品

凡三氧化硫、初凝时间中任一项不符合标准规定时，均为废品。

凡比表面积、终凝时间、膨胀率、不透水性中任一项不符合标准规定和强度低于商品标号规定的指标时，是不合格品。水泥包装标志中水泥品种、强度等级、工厂名称和出厂编号不全的也属于不合格品。

（4）快硬硅酸盐水泥

凡以硅酸盐水泥熟料和适量石膏磨细制成的，以 3d 抗压强度表示标号的水硬性胶凝材料，称为快硬硅酸盐水泥（简称快硬水泥）。

1）快硬硅酸盐水泥的主要技术指标见表 3-19。

快硬硅酸盐水泥技术指标　　　　表 3-19

项　　目	快硬 32.5	快硬 37.5	快硬 42.5
氧化镁	熟料中氧化镁含量不得超过 5.0%，如水泥经压蒸安定性试验合格，则允许放宽到 6.0%		
三氧化硫	水泥中三氧化硫的含量不得超过 4.0%		

项　　目			快硬 32.5	快硬 37.5	快硬 42.5
细　　度			0.08mm 方孔筛筛余量不得超过 10.0%		
安定性			用沸煮法检验，必须合格		
凝结时间	初　　凝		不得早于 45min		
	终　　凝		不得迟于 10h		
强度 (MPa)	抗压强度	1d	15.0	17.0	19.0
		3d	32.5	37.5	42.5
		28d	52.5	57.5	62.5
	抗折强度	1d	3.5	4.0	4.5
		3d	5.0	6.0	6.4
		28d	7.2	7.6	8.0

2）快硬硅酸盐水泥的特性和应用

快硬硅酸盐水泥是以 3d 的抗压强度来评定强度等级的，可分为 32.5、37.5、42.5 三个强度等级，主要特性表现在以下几个方面：其凝结硬化快，早后期强度高；水化热大而集中；吸湿性强，吸湿受潮后水泥活性下降比一般水泥快。

快硬硅酸盐水泥主要用来配制早强、高强等级的混凝土，还用于紧急抢修工程、低温施工工程和高强度等级的混凝土预制构件等。由于水化热大，不宜用于大体积混凝土工程。

（5）铁铝酸盐水泥

以 C_4AF、C_4A_3S、$B\text{-}C_2S$ 和石膏为主要组分的铁铝酸盐水泥，包括快硬和自应力等品种。由于大量铁胶的存在，该水泥具有良好的耐腐蚀性和耐磨性。

1）快硬铁铝酸盐水泥

凡以适当成分的生料，经煅烧所得以无水硫铝酸钙和硅酸二钙为主要矿物和成分的熟料，加入适量石膏和 $0\sim15\%$ 的石灰石，磨细制成的早期强度高的水硬性胶凝材料，称为快硬铁铝酸盐水泥代号 R·FAC。

① 主要特性：快硬铁铝酸盐水泥具有快硬、早强、抗冻性好、抗腐蚀性好、耐磨性能好等特性。曾用于引滦入津输水工程中，其抗冻、抗侵蚀、抗冲刷效果十分明显，并取得良好的技术经济效益。

② 主要技术指标：见表3-20、表3-21。

快硬铁铝酸盐水泥比表面积、凝结时间指标　　表 3-20

项　目		指标值
比表面积（m²/kg）　不小于		350
凝结时间 （min）	初凝　不早于	25
	终凝　不迟于	180

快硬铁铝酸盐水泥比各龄期强度指标（MPa）　　表 3-21

等级	抗压强度			抗折强度		
	1d	3d	28d	1d	3d	28d
42.5	33	42.5	45	6	6.5	7
52.5	42	52.5	55	6.5	7	7.5
62.5	50	62.5	65	7	7.5	8
72.5	56	72.5	75	7.5	8	8.5

2）自应力铁铝酸盐水泥

凡以适当成分的生料，经煅烧所得以无水硫铝酸钙、铁相和硅酸二钙为主要矿物成分的熟料，加入适量石膏磨细制成的强膨胀性水硬性胶凝材料，称为自应力铁铝酸盐水泥，代号为S·FAC。

① 主要特性：自应力铁铝酸盐水泥除了有快硬、早强、抗冻性好，抗腐蚀性好、耐磨性好等特性外，还具有一定的膨胀性能，这对混凝土的补偿收缩，抗震防渗有良好的作用。

② 主要技术指标：

A. 比表面积、凝结时间和自由膨胀率指标见表3-22。

比表面积、凝结时间，自由膨胀率指标　　　　表 3-22

项　目		指标值
比表面积（m²/kg）　不小于		370
凝结时间（min）	初凝　不早于	40
	终凝　不迟于	240
自由膨胀率（%）	7d　不大于	1.30
	28d　不大于	1.75

B. 各级别各龄期自应力值指标应符合表 3-23 中相应的规定。

各级别各龄期自应力指标（MPa）　　　　表 3-23

等级	7d	28d	
	≥	≥	≤
3.0	2.0	3.0	4.0
3.5	2.5	3.5	4.5
4.0	3.0	4.0	5.0
4.5	3.5	4.5	5.5

注：1. 按 28d 自应力值，自应力铁铝酸盐水泥分为 3.0 级、3.5 级、4.0 级、4.5级四个级别。

2. 抗压强度，7d 不小于 32.5MPa，28d 不小于 42.5MPa。

3. 28d 自应力增进率不大于 0.01MPa/d。

（6）硫铝酸盐水泥

1）快硬硫铝酸盐水泥

凡以适当成分生料，经煅烧所得以无水硫酸钙和硅酸二钙为主要矿物成分的熟料，加入适量石膏和 0～10% 的石灰石，磨细制成的早期强度高的水硬性胶凝材料，称为快硬硫铝酸盐水泥，代号 R·SAC。

① 主要技术指标：快硬硫铝酸盐水泥的比表面积、凝结时间应符合表 3-24 中规定。

比表面积、凝结时间指标 表3-24

项　　目		指标值
比表面积（m²/kg）　不小于		350
凝结时间 （min）	初凝　不早于	25
	终凝　不迟于	180

快硬硫铝酸盐水泥各龄期的强度不得低于表 3-25 中规定。

各龄期强度指标 表3-25

等级	抗压强度			抗折强度		
	1d	3d	28d	1d	3d	28d
42.5	33	42.5	45	6	6.5	7
52.5	42	52.5	55	6.5	7	7.5
62.5	50	62.5	65	7	7.5	8
72.5	56	72.5	75	7.5	8	8.5

② 特性和应用：快硬硫铝酸盐水泥具有快硬、早强、微膨胀、抗硫酸盐侵蚀性好等特性。适用于应急抢修、地下和水下工程、桥梁吊装、快速施工、预埋孔灌注、喷锚支护、节点浆锚、隧道、堵漏等施工项目。

2）自应力硫铝酸盐水泥

凡以适当成分生料，经煅烧所得以无水硫铝酸钙和硅酸二钙为主要矿物成分的熟料，加入适量石膏磨细制成的强膨胀性水硬性胶凝材料，称为自应力硫铝酸盐水泥，代号 S·SAC。

① 级别划分：自应力硫铝酸盐水泥按 28d 自应力值，分为30 级、40 级、50 级三个级别，见表3-26。

各级别自应力值要求 表3-26

级别	7d 不小于	28d	
		不小于	不大于
30	2.3	3.0	4.0
40	3.1	4.0	5.0
50	3.7	5.0	6.0

② 主要技术指标：

A. 比表面积、凝结时间、自由膨胀率应符合表 3-27 中指标要求。

比表面积、凝结时间、自由膨胀率指标　　　　表 3-27

项　目		指标值
比表面积（m^2/kg）　不小于		370
凝结时间（min）	初凝　不早于	40
	终凝　不迟于	240
自由膨胀率（%）	7d　不大于	1.30
	28　不大于	1.75

B. 抗压强度：7d 不小于 32.5MPa；28d 不小于 42.5MPa。

C. 8d 自应力增进率不大于 0.0070MPa/d。

D. 水泥中含碱量：按 $Na_2O+0.658K_2O$ 计小于 0.50%。

③ 特性和应用：自应力硫铝酸盐水泥具有快硬、早强、抗硫酸盐侵蚀性好以及强膨胀性等特性。主要用于生产自应力钢筋混凝土压力管。

总之，水泥有很多种类，在混凝土工程中使用最广泛的是硅酸盐水泥、普通硅酸盐水泥、复合硅酸盐水泥、矿渣硅酸盐水泥、火山灰质硅酸盐水泥和粉煤灰硅酸盐水泥 6 种。此外，还有快硬硅酸盐水泥、铝酸盐水泥、膨胀水泥等其他品种的水泥。但最合适的水泥品种必须是水泥本身的特性能满足混凝土工程的特点和所处环境、温度及施工条件等要求，才能保证工程质量。

每一品种水泥，其强度等级是不同的，因此在水泥品种选择后，还要合理选择水泥的强度。水泥强度的选择应与设计的混凝土强度等级相适应。在确保混凝土的主要技术性能的前提下，充分利用水泥的活性，以取得良好的技术经济效果。根据长期生产实践经验，水泥强度等级的选择可从以下三个方面考虑：

A. 一般情况下，水泥强度等级应为混凝土强度等级的 1.3～1.8 倍。

B. 配置高强度混凝土时，水泥强度等级应为混凝土强度等级的 0.8～1.3 倍。

C. 用高强度水泥配制低强度等级混凝土时，由于每立方米混凝土的水泥用量偏少，会影响混凝土的主要技术性能。因此，在混凝土中可以掺一定数量的混合料，以补充胶凝材料的不足，如掺适量的粉煤灰等。

（六）砂、石等骨料

骨料是指在配制混凝土时，与水泥、水等拌合在一起的砂、石等颗粒状材料，亦称为集料。骨料一般占混凝土总体积的 3/4 左右，是混凝土的主要组成材料。骨料在混凝土中一般价格低廉，来源丰富，作为混凝土的填充材料能明显降低混凝土的成本。因此，骨料在混凝土中有着重要的技术和经济意义。正确合理地选择和使用骨料可以保证混凝土的质量，节约水泥，降低成本。

1. 砂

凡粒径在 0.15～4.75mm 的骨料称为砂或细骨料。配制混凝土一般都用天然砂。天然砂是岩石风化后形成的大小不等的矿物散粒组成的混合物。天然砂指的是河砂、海砂和山砂。由于河砂比较洁净，所以配制混凝土常用它。对于配制混凝土用砂的质量要求主要体现在砂的粗细程度和颗粒级配。

砂的粗细程度，是指不同粒径的砂粒，混合在一起后的总体的粗细程度，通常有粗砂、中砂与细砂之分。砂的粗细程度和颗粒级配，常用筛分析的方法给予测定，用级配表示砂的颗粒级配，用细度模数表示砂的粗细度。

筛分析的方法，是用一套孔径为 9.5mm、4.75mm、2.36mm、1.18mm、0.60mm、0.30mm、0.15mm 的标准筛，试样总量 mg。是用经过烘干的 500g 干砂，置于这套标准筛中，由粗到细依次过筛，然后称出各筛号上的筛余量 m_1、m_2、m_3、m_4、m_5、

m_6。并计算出各筛号上的分计筛余百分率由 A_1、A_2、A_3、A_4、A_5、A_6 及累计筛余百分率 B_1、B_2、B_3、B_4、B_5、B_6。累计筛余率与分计筛余率的关系见表 3-28。

累计筛余百分率和分计筛余百分率的关系　　　　表 3-28

筛孔尺寸（mm）	分计筛余（%）	累计筛余（%）
5.00	a_1	$A_1 = a_1$
2.50	a_2	$A_2 = a_1 + a_2$
1.25	a_3	$A_3 = a_1 + a_2 + a_3$
0.63	a_4	$A_4 = a_1 + a_2 + a_3 + a_4$
0.315	a_5	$A_5 = a_1 + a_2 + a_3 + a_4 + a_5$
0.16	a_6	$A_6 = a_1 + a_2 + a_3 + a_4 + a_5 + a_6$

细度模数的公式如下：

$$M_x = [(A_2 + A_3 + A_4 + A_5 + A_6) - 5A_1] / (100 - A_1)$$

细度模数（M_x）愈大，表示砂愈粗。普通混凝土中砂的细度模数范围一般为 3.7～3.1，其中按细度模数可将砂分为粗砂、中砂、细砂、特细砂四级：

粗砂 $M_x = 3.7～3.1$

中砂 $M_x = 3.0～2.3$

细砂 $M_x = 2.2～1.6$

特细砂 $M_x = 1.5～0.7$

我国现行标准规定的混凝土中所用的天然砂的合理级配区见表 3-29，砂的 1、2、3 级配曲线如图 3-2 所示。

天然砂颗粒级配区的规定　　　　表 3-29

筛孔尺寸（mm）	1 区	2 区	3 区
	累计筛余率（%）		
9.50	0	0	0
4.75	10～0	10～0	10～0
2.36	35～5	25～0	15～0

筛孔尺寸 （mm）	1区	2区	3区
	累计筛余率（%）		
1.18	65～35	50～10	25～0
0.60	85～71	70～41	40～16
0.30	95～80	92～70	85～55
0.15	100～90	100～90	100～90

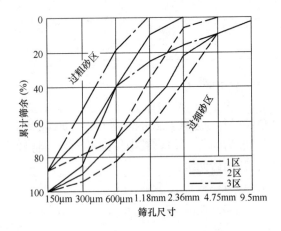

图 3-2　砂的 1、2、3 级配区曲线图

2. 石子

颗粒粒径大于 4.75mm 的骨料称为石子或粗骨料。配制混凝土所用的粗骨料有碎石和卵石两种。碎石是由天然岩石经过破碎而得，杂质少，较干净，表面粗糙，颗粒富有棱角，与水泥粘结牢固。天然卵石有河卵石、海卵石和山卵石。河卵石表面光滑，洁净，杂质较少，在混凝土中常被采用。山卵石、海卵石中含有较多杂质，使用前必须加以冲洗，因此很少使用。对配制混凝土用的石子质量要求有如下几个方面：

（1）颗粒级配和最大粒径

1）颗粒级配

石子颗粒级配原理与砂子基本相同，一套标准筛的尺寸是 2.36mm、4.75mm、9.5mm、16.0mm、19.0mm、26.5mm、31.5mm、37.5mm、53.0mm、63.0mm、75.0mm、90mm，采用筛分析的方法测定。石子的颗粒级配有连续级配和单粒级配。连续级配是指颗粒的尺寸由大到小连续分级，其中每一级粒径的石子都占适当的比例，当粒径分布在一个合理范围内且大小颗粒比例适当时，大颗粒之间的空隙由小颗粒填充，因而减少空隙，形成较密实的骨架。单粒级石子是采用省去一级或几级中间粒径的石子，组合成具有所要求级配的不连续粒级。

我国现行标准规定的碎石和卵石的颗粒级配范围，见表3-30。

碎石或卵石的颗粒级配范围   表 3-30

级配情况	公称粒径（mm）	累计筛余（%）											
		筛孔尺寸［方孔筛（mm）］											
		2.36	4.75	9.50	16.0	19.0	26.5	31.5	37.5	53.0	63.0	75.0	90.0
连续级配	5～16	95～100	85～100	30～60	0～10	0	—	—	—	—	—	—	—
	5～20	95～100	90～100	40～80	—	0～10	0	—	—	—	—	—	—
	5～25	95～100	90～100	—	30～70	—	0～5	0	—	—	—	—	—
	5～31.5	95～100	90～100	70～90	—	15～45	—	0～5	0	—	—	—	—
	5～40	—	90～100	70～90	—	30～65	—	—	0～5	0	—	—	—

级配情况	公称粒径(mm)	累计筛余(%)											
		筛孔尺寸[方孔筛(mm)]											
		2.36	4.75	9.50	16.0	19.0	26.5	31.5	37.5	53.0	63.0	75.0	90.0
单粒级配	5~10	95~100	90~100	0~15	0~15	—	—	—	—	—	—	—	—
	10~16	—	95~100	80~100	—	—	—	—	—	—	—	—	—
	10~20	—	—	85~100	55~70	0~15	0	—	—	—	—	—	—
	16~25	—	95~100	95~100	85~100	25~40	0~10	—	—	—	—	—	—
	16~31.5						0~10	0					
	20~40	—	—	95~100	—	80~100	—	0~10	0	—	—	—	—
	40~80	—	—	—	—	95~100	—	70~100	—	30~60	0~10	0	

　　骨料级配对于混凝土的和易性、经济性都有显著的影响，对于混凝土的强度、抗渗性、耐久性等也有一定影响。使用级配良好的骨料可以节约水泥用量，并有利于配制出质量较高的混凝土。一般说来，较好的骨料级配应当是：空隙率小，总表面积小，可以减少润湿骨料表面的需水量及包裹在骨料表面的水泥浆量，并有合适量的细颗粒以满足混凝土的和易性要求。

　　2）最大粒径

　　骨料的最大粒径是指公称粒径的上限为该粒级的最大粒径，它对混凝土强度的影响还与混凝土的水泥用量等因素有关。一般在水泥用量少的混凝土中，采用大粒径骨料比较有利，因骨料的粒径越大，需要润湿的比表面积越小，可以降低用水量和水泥用量。在大体积混凝土中采用大粒径骨料对于减少水泥用量、降低水泥水化热也有明显的作用。对于一般配比的结构混凝土，尤其是高强度混凝土，当粗骨料最大粒径超过 40mm 后，由用水量减少而获得的强度提高被骨料粘结面积减少及大骨料造成的不连续性、不均匀性的不利影响所抵消，因而并没有什么好处。当水泥用量为 446kg/m² 时，粗骨料最大粒径超过 20mm，混凝土抗弯强度有降低的趋势。对于防水混凝土来说，粗骨料最大粒径增加时，对于混凝土的抗渗性有明显的不利影响，因此最大粒径不宜过大。

粗骨料最大粒径的选用除了对混凝土的主要技术性能和水泥用量等产生影响外，还受到结构截面的尺寸、配筋构造及施工方法等条件的限制。为了保证混凝土建筑物的质量八，混凝土结构工程施工质量验收规范中规定：混凝土的粗骨料，其最大粒径不得大于结构物最小截面的最小边长的 1/4，同时不得大于钢筋间最小净距的 3/4。对混凝土空心板，粗骨料最大粒径不宜超过 1/3 板厚，且不得大于 40mm。

（2）石子的强度

1）立方体抗压强度

立方体抗压强度是从开凿出的母岩中制取 50mm×50mm×50mm 的立方体试件或直径与高度均为 50mm 的圆柱体试件，在水中浸泡 48h，达到吸水饱和状态时，测得的极限抗压强度值。

当混凝土的强度等级为 C60 及其以上时，应进行岩石的立方体抗压强度检验。岩石的抗压强度应不小于混凝土强度等级的 1.5 倍，且火成岩不宜低于 80MPa，变质岩不宜低于 60MPa，水成岩不宜低于 30MPa。

2）压碎指标

压碎指标是测定碎石或卵石抵抗压碎的能力，间接地推测其相应的强度。碎石的压碎指标值应符合表 3-31 规定。

碎石、卵石的压碎指标值

表 3-31

项 目	指　标		
	Ⅰ类	Ⅱ类	Ⅲ类
碎石压碎指标	<10	<20	<30
卵石压碎指标	<12	<16	<16

（3）骨料中含泥量、泥块含量、石粉含量、有害物质含量规定

天然砂中含泥量是指粒径小于 0.075mm 的颗粒含量，泥块含量是指粒径大于 1.18mm，经水浸泡、手捏后小于 0.60mm 的颗粒含量；人工砂中的石粉含量是指粒径小于 0.075mm 的颗粒含量（包括含泥量）。

碎石或卵石中含泥量是指粒径小于 0.08mmn 颗粒的含量；泥块含量是指碎石或卵石中粒径大于 5mm，经水洗、手捏后变成小于 2.5mm 的颗粒含量。

含泥量过多将会严重影响骨料与水泥浆的黏结力、降低和易性、增加用水量、加大混凝土的干缩量、降低混凝土的抗冻性。泥块含量对混凝土性能影响更大，特别是对混凝土的抗渗性、抗拉性和收缩性影响更显著。

含泥量及泥块含量对高强混凝土的影响更大，所以必须限制石子中含泥量和泥块含量，见表 3-32。骨料中有害物质含量规定见表 3-33。

砂、石中含泥量、泥块及针片状颗粒含量的限值

表 3-32

项 目	天然砂			卵石、碎石		
	≥C60	C55～C30	≤C25	≥C60	C55～C30	≤C25
含泥量（按质量计，%）	≤2.0	≤3.0	≤5.0	≤0.5	≤1.0	≤2.0
泥块含量（按质量计，%）	≤0.5	≤1.0	≤2.0	≤0.2	≤0.5	≤0.7
针、片状颗粒含量(按质量计,%)	—	—	—	≤8	≤15	≤25

砂、石中有害物质含量规定 表 3-33

项　　目	天然砂	卵石、碎石
云母（按质量计,%）	≤2.0	—
轻物质（按质量计,%）	≤1.0	—
有机物（比色法）	合格	合格
硫化物及硫酸盐（按 SO_3 重量计,%）	≤1.0	<1.0
氯离子（以干砂的质量百分率计,%）	≤0.06（钢筋混凝土） ≤0.02（预应力混凝土）	—

注：1. 当判定骨料存在碱-碳酸盐反应危害时,不宜用作混凝土骨料。

2. 当判定骨料存在潜在碱-硅反应危害时,应控制混凝土中碱含量不超过 $3kg/m^3$。

（4）石子中存在针片状颗粒含量规定

凡石子颗粒的长度大于该颗粒所属粒级平均粒径的 2.4 倍者为针状颗粒；厚度小于平均粒径 0.4 倍者为片状颗粒。平均粒径是指该粒级上、下限粒径的平均值。

石子针片状颗粒在外力作用下极易破坏,这将影响混凝土的强度。石子中针片状颗粒含量应符合表 3-32 中相关规定。

（七）混凝土外加剂

外加剂是指在混凝土拌合过程中掺入的且能使混凝土按要求改性的物质。混凝土外加剂的特点是品种多、掺量小、在改善新拌合硬化混凝土性能中起着重要的作用。外加剂的研究和实践证明,在混凝土中掺入功能各异的外加剂,满足了改善混凝土的工艺性能和力学性能的要求,如改善和易性、调解凝结时间、延缓水化放热、提高早期强度、增加后期强度、提高耐久性、增加混凝土与钢筋的握裹力、防止钢筋锈蚀等的要求。应用促进了混凝土施工新技术和新品种混凝土的发展。

混凝土外加剂种类繁多,且均有相应的质量标准,使用时其质量及应用技术应符合现行标准《混凝土外加剂》GB 8076—

103

2008、《混凝土外加剂应用技术规范》GB 50119—2013、《砂浆、混凝土防水剂》JC 474—2008、《混凝土防冻剂》JC 475—2004、《混凝土膨胀剂》GB 23439—2009等的规定。外加剂的检验项目、方法和批量应符合相应标准的规定。若外加剂中含有碱性物质、氯化物，同样可能引起混凝土结构中钢筋的锈蚀，故应严格控制其掺入量。

混凝土外加剂的品种繁多。每种外加剂常常具有一种或多种功能，其化学成分可以是有机物、无机物或两者的复合产品。常用的有以下几种。

（1）减水剂

减水剂是在混凝土坍落度基本相同的条件下，能减少拌合用水量的外加剂。按其作用分为以下几种。

1）普通减水剂。代号 WR-S。普通减水剂是在混凝土坍落度基本相同的条件下，能减少拌合用水量的外加剂。普通减水剂按化学成分可分为木质素磺酸盐、多元醇系及复合物、高级多元醇、羧酸（盐）基、聚丙烯酸盐及其共聚物、聚氧乙烯醚及其衍生物六类。前两类是天然产品，资源丰富成本低，广泛作为普通减水剂使用。

普通型减水剂木质素磺酸盐是阴离子型高分子表面活性剂，对水泥团粒有吸附作用，具有半胶体性质。普通型减水剂可分为早强型、标准型、缓凝型三个品种，但在不复合其他外加剂时，本身有一定缓凝作用。

木质素磺酸盐能增大新拌混凝土的坍落度 6～8cm，能减少用水量，减水率小于 10%；使混凝土含气量增大；减少泌水和离析；降低水泥水化放热速率和放热高峰；使混凝土初凝时间延迟，且随温度降低而加剧。

适用于各种现浇及预制（不经蒸养工艺）混凝土、钢筋混凝土及预应力混凝土；中低强度混凝土。适用于大模板施工、滑模施工及日最低气温＋5℃以上及强度等级 C40 以下的混凝土施工。多用于大体积凝土、热天施工混凝土、泵送混凝土、有轻度缓凝要求的混凝土。以小剂量与高效减水剂复合来增加后者的坍落度和扩展度，降低成本，提高效率。

2）高效减水剂。代号 HWR-S。在混凝土坍落度基本相同的条件下，具有大幅度减水增强作用的外加剂，如萘磺酸盐甲醛缩合物（商品名称为 MF、VNF、NF、FDN 等）。高效减水剂对水泥有强烈分散作用，能大大提高水泥拌合物流动性和混凝土坍落度，同时大幅度降低用水量，显著改善混凝土工作性；能大幅度降低用水量因而显著提高混凝土各龄期强度。

高效减水剂基本不改变混凝土凝结时间，掺量大时（超剂量掺入）稍有缓凝作用，但并不延缓硬化混凝土早期强度的增长。在保持强度恒定值时，则能节约水泥 10% 或更多。不含氯离子，对钢筋不产生锈蚀作用。提高混凝土的抗渗、抗冻及耐腐蚀性，增强耐久性。掺量过大则产生泌水。

常用的高效减水剂主要有奈系（萘磺酸盐甲醛缩合物）、三聚氰胺系（三聚氰胺磺酸盐甲醛缩合物）、多羧酸系（烯烃马来酸酐共聚物、多羧酸酯）、氨基磺酸系（芳香族氨基磺酸聚合物）。它们都具有较高的减水能力，三聚氰胺系高效减水剂减水率更大，但减水率越高，流动性经时损失越大。氨基磺酸盐系，由单一组分合成型，坍落度经时变化小。

当混凝土中掺入高效减水剂后可以显著降低水胶比，并且保持混凝土较好的流动性。通常而言，高效减水剂的减水率可达 20% 左右，而普通减水剂的减水率为 10% 左右。

适用于各类工业与民用建筑、水利、交通、港口、市政等工程建设中的预制和现浇钢筋混凝土、预应力钢筋混凝土工程。适用于高强、超高强、中等强度混凝土，早强、浅度抗冻、大流动混凝土。适宜作为各类复合型外加剂的减水组分。

3）早强减水剂。代号 WR-A，兼有早强和减水功能的外加剂。这类减水剂是早强剂与减水剂复合而成的。

4）引气减水剂。代号 AEWR，具有引气和减水功能的外加剂。

5）缓凝减水剂。代号 WR-R，具有缓凝和减水作用的外加剂。

6）缓凝高效减水剂。代号 HWR-R，兼有缓凝和大幅度减少拌合用水量功能的外加剂。

（2）早强剂

代号 Ac，早强剂是能提高混凝土早期强度并对后期强度无显著影响的外加剂。早强剂主要品种有强电解质无机盐类早强剂，如硫酸盐、硫酸复盐、硝酸盐、亚硝酸盐、氯盐等；水溶性有机化合物，如三乙醇胺、甲酸盐、乙酸盐、丙酸盐等。

由早强剂与减水剂组成的称为早强减水剂。

1）早强剂及早强减水剂适用于蒸养混凝土及常温、低温和最低温度不低于－5℃环境中施工的有早强要求的混凝土工程。炎热条件及环境温度低于－5℃不宜使用早强剂。

2）掺入混凝土后对人体产生危害或对环境产生污染的化学物质不得用作早强剂。含有六价铬盐、亚硝酸盐等有害成分的早强剂，严禁用于饮水工程及与食品相接触的工程。硝类不得用于办公、居住等建筑工程。

3）早强剂不适用于大体积混凝土。三乙醇胺等有机胺类强剂不适用于蒸养混凝土。

4）无机盐类早强剂不适用于以下情况：

① 处于水位变化部位的结构。

② 露天结构及经常受水淋、受水流冲刷的结构。

③ 在相对湿度大于 80％环境中使用的结构。

④ 直接接触酸、碱或其他侵蚀性介质的结构。

⑤ 有装饰要求的混凝土，特别是要求色彩一致的或是表面有金属装饰的混凝土。

（3）引气剂

代号 AE。引气剂是在混凝土搅拌过程中能引入大量分布均匀的微小气泡，可减少混凝土拌合物泌水离析，改善和易性，并能显著提高硬化混凝土抗冻融耐久性的外加剂。引气剂主要品种有松香树脂类，如松香热聚物、松香皂等；烷基苯磺酸盐类，如烷基苯磺酸盐、烷基苯酚聚氧乙烯醚等；脂肪醇磺酸盐类，如脂肪醇聚氧乙烯醚、脂肪酸聚氧乙烯磺酸钠等；其他如蛋白质盐、石油磺酸盐。

引气减水剂主要品种有：改性木质素磺酸盐类；烷基芳香基磺酸盐类，如萘磺酸盐甲醛缩合物；由各类引气剂与减水剂组成的复合剂。

引气剂是在混凝土搅拌过程中，能引入大量分布均匀的微小气泡，以减少混凝土拌合物泌水离析，改善和易性，并能显著提高硬化混凝土抗冻融耐久性的外加剂。兼有引气和减水作用的外加剂称为引气减水剂。引气剂及引气减水剂，可用于抗冻混凝土、防渗混凝土、抗硫酸盐混凝土、泌水严重的混凝土、贫混凝土、轻骨料混凝土以及对饰面有要求的混凝土。

引气剂不宜用于蒸养混凝土及预应力混凝土。抗冻性要求高的混凝土，必须掺用引气剂或引气减水剂，其掺量应根据混凝土的含气量要求，通过试验加以确定。掺引气剂及引气减水剂混凝土的含气量，不宜超过表 3-34 的规定。

掺引气剂或引气减水剂混凝土含气量限值　　　表 3-34

粗骨料组大粒径 （mm）	混凝土的含气量 （%）
10	7.0
15	6.0
20	5.5
25	5.0
40	4.5

注：表中含气量 C50、C55 混凝土可降低 0.5%，C60 及 C60 以上混凝土可降低1%但不宜低于 3.5%。

（4）缓凝剂

代号 Re，缓凝剂是一种能延缓混凝土凝结时间，并对混凝土后期强度发展没有不利影响的外加剂。兼有缓凝和减水作用的外加剂，称为缓凝减水剂。缓凝剂与缓凝减水剂在净浆及混凝土中均有不同的缓凝效果。缓凝效果随掺量增加而增加，超掺会引起水泥水化完全停止。随着气温升高，羟基羧酸及其盐类的缓凝效果明显降低，而在气温降低时，缓凝时间会延长，早期强度降低也更加明显。羟基羟酸盐缓凝剂会增大混凝土的泌水，尤其会使大水胶比低水泥用量的贫混凝土产生离析。

各种缓凝剂和缓凝减水剂主要是延缓、抑制 C_3A 矿物和 C_3S 矿物组分的水化，对 C_2S 影响相对小得多，因此不影响对水泥浆的后期水化和长龄期强度增长。缓凝剂分为有机物和无机物两大类。许多有机缓凝剂兼有减水、塑化作用，两类性能不可能截然分开。

缓凝剂按材料成分可分为以下几种：

1）糖类及碳水化合物：葡萄糖、糖蜜、蔗糖、糖钙等。

2）多元醇及其衍生物：山梨醇、甘露醇等。

3）羟基羧酸及其盐类：柠檬酸（钠）、酒石酸（钾钠）、葡萄糖酸（钠）、水杨酸及其盐类等。

4）有机膦酸及其盐类：2-膦酸丁烷-1/2、4-三羟酸（PBTC）、氨基三甲叉膦酸（ATMP）及其盐类。

5）无机盐类：磷酸盐、锌盐、硼酸及其盐类、氟硅酸钠等。

缓凝减水剂主要有糖蜜减水剂、低聚糖减水剂等。缓凝剂是能延缓混凝土凝结时间，并对混凝土后期强度发展无明显影响的外加剂。

缓凝剂及缓凝减水剂的品种及其掺量，应根据混凝土的凝结时间、运输距离、停放时间、强度等要求来确定。常用掺量可按表 3-35 中的规定采用，也可参照有关产品说明书。

缓凝剂及缓凝减水剂常用掺量 表 3-35

类别	掺量（占水泥重量）（%）	类别	掺量（占水泥重量）（%）
糖类	0.1～0.3	羟基羧酸盐类	0.03～0.1
木质素磺酸盐类	0.2～0.3	无机盐类	0.1～0.2

缓凝剂适用范围如下：

① 宜用于延缓凝结时间的混凝土。

② 宜用于对坍落度保持能力有要求的混凝土、静停时间较长或长距离运输的混凝土、自密实混凝土。

③ 宜用于大体积混凝土。

④ 宜用于日最低气温 5℃ 以上施工的混凝土。

⑤ 柠檬酸（钠）、酒石酸（钾钠）等缓凝剂不宜单独用于贫混凝土。

⑥ 含有糖类组分的缓凝剂与减水剂复合使用时，需要进行相容性试验。

（5）防冻剂

防冻剂是在规定温度下，能显著降低混凝土的冰点，使混凝土的液相不冻结或仅部分冻结，以保证水泥的水化作用，并在一定的时间内获得预期强度的外加剂。

1）其主要有以下几类

① 无机盐类（表3-36）：氯盐类，以氯盐（如氯化钙、氯化钠等）为防冻组分的外加剂；氯盐阻锈类，以氯盐与阻锈组分为防冻组分的外加剂；无氯盐类，以亚硝酸盐、硝酸盐等无机盐为防冻组分的外加剂。

防冻组分掺量 表 3-36

防冻剂类别	防冻组分掺量
氯盐类	氯盐掺量不得大于拌合水重量的 7%
氯盐阻锈类	总量不得大于拌合水重量的 15% 当氯盐掺量为水泥重量的 0.5%～1.5% 时，亚硝酸钠与氯盐之比应大于 1 当氯盐掺量为水泥重量的 1.5%～3% 时，亚硝酸钠与氯盐之比应大于 1.3
无氯盐类	总量不得大于拌合水重量的 20%，其中亚硝酸钠、亚硝酸钙、硝酸钠、硝酸钙均不得大于水泥重量的 8%，尿素不得大于水泥重量的 4%，碳酸钾不得大于水泥重量的 10%

② 有机化合物类：如以某些酸类为防冻组分的外加剂。

③ 有机化合物与无机盐复合类。

④ 复合型防冻剂：以防冻组分复合早强、引气、减水等组分的外加剂。

2）防冻剂适用于负温条件下施工的混凝土，并应符合下列规定：

① 氯盐类防冻剂可用于混凝土工程、钢筋混凝土工程，严禁用于预应力混凝土工程，并应符合《混凝土外加剂应用技术规范》的规定；氯盐阻锈类防冻剂可用于混凝土、钢筋混凝土工程中，严禁用于预应力混凝土工程，并应符合《混凝土外加剂应用技术规范》的规定；亚硝酸盐、硝酸盐等无机盐防冻剂严禁用于预应力混凝土及与镀锌钢材相接触的混凝土结构。

② 有机化合物类防冻剂可用于混凝土工程、钢筋混凝土工程及预应力混凝土工程。

③ 有机化合物与无机盐复合防冻剂及复合型防冻剂可用于混凝土工程、钢筋混凝土工程及预应力混凝土工程。含有六价铬盐、亚硝酸盐等有害成分的防冻剂，严禁用于饮水工程及与食品相接触的部位，严禁食用。含有硝铁、尿素等产生刺激性气味的防冻剂，不得用于办公、居住等建筑工程。

④ 对水工、桥梁及有特殊抗冻融性要求的混凝土工程，应通过试验确定防冻剂品种及掺量。

（6）膨胀剂

混凝土膨胀剂是指在混凝土拌制过程中与水泥、水拌合后经水化反应生成钙矾石或氢氧化钙，使混凝土产生膨胀的外加剂。其主要品种有硫铝酸钙类、硫铝酸钙-氧化钙类、氧化钙类等。

膨胀剂的适用范围应符合表 3-37 中的规定。

掺硫铝酸钙类、硫铝酸钙-氧化钙类膨胀剂配制的膨胀混凝（砂浆），不得用于长期环境温度为 80℃ 以上的工程；含氧化钙类膨胀剂配制的膨胀混凝土（砂浆），不得用于海水或有侵蚀性水的工程。补偿收缩混凝土，其性能应满足表 3-38 的要求。填充用膨胀混凝土，其性能应满足表 3-39 的要求。膨胀砂浆（无收缩灌浆料），其性能应满足表 3-40 的要求。灌浆用膨胀砂浆用水量按砂浆流动度（250±10）mm 的用水量。抗压强度采用 40mm×40mm×160mm 试模，无振动成型，拆模、养护、强度检验应按《水泥胶砂强度试验方法》进行。

膨胀剂的适用范围 表 3-37

用　途	适　用　范　围
补偿收缩混凝土	地下、水中、海水中、隧道灯构筑物、大体积混凝土（除大坝外）。配筋路面和板、屋面与厕浴间防水、构件补强、渗漏修补、预应力钢筋混凝土、回填槽等
填充用膨胀混凝土	结构后浇、隧洞堵头、钢管与隧道之间的填充等
填充用膨胀砂浆	机械设备的底座灌浆、地脚螺栓的固定、梁柱接头、构件补强、加固
自应力混凝土	仅用于常温下使用的自应力钢筋混凝土压力管

补偿收缩混凝土的性能 表 3-38

项　目	限制膨胀率（×10^{-4}）	限制干缩率（×10^{-4}）	抗压强度（MPa）
龄期	水中 14d	水空气中 28d	28d
性能指标	≥1.5	≤3.0	≥25

填充用膨胀混凝土的性能 表 3-39

项　目	限制膨胀率（×10^{-4}）	限制干缩率（×10^{-4}）	抗压强度（MPa）
龄期	水中 14d	水空气中 28d	28d
性能指标	≥2.5	≤3.0	≥30

流动率 (mm)	竖向膨胀率（%）		抗压强度（MPa）		
	3d	7d	1d	3d	28d
≥250	≥0.1	≥0.2	≥20	≥30	≥60

（7）泵送剂

泵送剂是能改善混凝土拌合物泵送性能的外加剂。泵送性就是混凝土拌合物顺利通过输送管道，不阻塞、不离析、黏塑性良好的性能。

泵送剂是流化剂中的一种，它除了能大大提高拌合物流动性以外，还能使新拌混凝土在 60～180min 时间内保持其流动性，剩余坍落度应不低于原始的 55%。此外，它不是缓凝剂，缓凝时间不宜超过 120min（有特殊要求除外）。适用于各种需要采用泵送施工工艺的混凝土。适用于工业与民用建筑结构工程混凝土、桥梁混凝土、水下灌注桩混凝土、大坝混凝土、清水混凝土、防辐射混凝土和纤维增强混凝土等。适用于日平均气温 5℃以上的施工环境。不适用于蒸汽养护混凝土和蒸压养护的预制混凝土。超缓凝泵送剂用于大体积混凝土，含防冻组分的泵送剂适用于冬期施工混凝土。泵送混凝土是在泵压作用下，经管道实行垂直及水平输送的混凝土。与普通混凝土相同的是要求具有一定的强度和耐久性指标。不同的是必须有相应的流动性和稳定性。可泵性与流动性是两个不同的概念，泵送剂的组分较流化剂要复杂得多。泵送混凝土是流化混凝土的一种，不是所有的流化混凝土都适合泵送。掺泵送剂的混凝土黏聚性、流动性要好，泌水率要低。坍落度试验时，坍落度扩展后的混凝土试样中心部分不能有粗骨料堆积，边缘部分不能有明显的浆体和游离水分离出来。将坍落度筒倒置并装满混凝土试样，提起 30cm 后计算样品从筒中流空时间，短者为流动性好。

（8）速凝剂

速凝剂是能使混凝土迅速凝结硬化的外加剂。速凝剂是能使混凝土或砂浆迅速凝结硬化的外加剂。速凝剂主要用于喷射混凝土、砂浆及堵漏抢险工程。

速凝剂的促凝效果与掺入水泥中的数量成正比增长，但掺量超过 4%～6%后则不再进一步促凝。而且掺入速凝剂的混凝土后期强度不如空白混凝土高。主要用于喷射混凝土，是喷射混凝土所必需的外加剂，其作用是：使喷至岩石上的混凝土在 2～5min 内初凝，10min 内终凝，并产生较高的早期强度；在低温下使用不失效；混凝土收缩小；不锈蚀钢筋。速凝剂常用作调凝剂。速凝剂也适用于堵漏抢险工作。永久性支护或衬砌施工使用的喷射混凝土、对碱含量有特殊要求的喷射混凝土工程，宜选用碱含量小于 1%的低碱速凝剂。

（9）隔离剂（旧称脱模剂）

用于减小混凝土与模板黏着力，易于使二者脱离而不损坏混凝土或渗入混凝土内的外加剂是隔离剂。隔离剂主要用于大模板施工、滑模施工、预制构件成型模具等。国内常用的脱模剂有下列几种。

1）海藻酸钠 1.5kg，滑石粉 20kg，洗衣粉 1.5kg，水 80kg，将海藻酸钠先浸泡 2～3d，再与其他材料混合，调制成白色脱模剂。常用于涂刷钢模。缺点是每涂一次不能多次使用，在冬期、雨期施工时，缺少防冻防雨约有效措施。

2）乳化机油（又名皂化石油）50%～55%，水（60～80℃）40%～45%，脂肪酸（油酸、硬脂酸或棕榈脂酸）1.5%～2.5%，石油产物（煤油或汽油）2.5%，磷酸（85% 浓度）0.01%，苛性钾 0.02%，按上述重量比，先将乳化机油加热到 50℃，并将硬脂酸稍加粉碎然后倒入加热的乳化机油中，加以搅拌，使其溶解（硬脂酸熔点为 50～60℃），再加入一定量的热水（60～80℃），搅拌至成为白色乳液为止。最后将一定量的磷酸和苛性钾溶液倒入乳化液中，并继续搅拌，改变其酸度或碱度。使用时用水冲淡，按乳液与水的重量比为 1:5 用于钢模，按 1:5 或 1:10 用于木模。

（10）养护剂

用来代替洒水、铺湿砂、铺湿麻布对刚成型混凝土进行保持潮湿养护的外加剂称作养护剂。养护剂或称养护液在混凝土表面形成一层薄膜，防止水分蒸发，达到较长期养护的效果。尤其在工程构筑物的立面，无法用传统办法实现潮湿养护，喷刷养护剂就会起到不可代替的作用。常用的养护剂有氯偏（氯乙烯-偏氯乙烯共聚物）、水玻璃、乙烯基二氧乙烯共聚物、沥青乳剂、过氯乙烯浮液等。养护剂的技术质量标准有待制定。

（八）矿物掺合料

混凝土掺合料的种类主要有粉煤灰、粒化高炉矿渣粉、沸石粉、硅灰和复合掺合料等，有些目前尚没有产品质量标准。对各种掺合料，均应提出相应的质量要求，并通过试验确定其掺量。工程应用时，尚应符合现行标准《粉煤灰混凝土应用技术规范》、《粉煤灰在混凝土和砂浆中应用技术规程》、《用于水泥和混凝土中的粉煤灰》、《用于水泥和混凝土中的粒化高炉矿渣粉》等的规定。

现以粉煤灰为例简要说明矿物掺合料在混凝土中的应用。

1. 各等级粉煤灰的适用范围如下

（1）Ⅰ级粉煤灰适用于钢筋混凝土和跨度小于 6m 的预应力混凝土。

（2）Ⅱ级粉煤灰适用于钢筋混凝土和无筋混凝土。

（3）Ⅲ级粉煤灰主要用于无筋混凝土。

对设计强度等级 C30 及以上的无筋粉煤灰混凝土，宜采用Ⅰ、Ⅱ级粉煤灰。用于预应力混凝土、钢筋混凝土及设计强度等级 C30 及以上的无筋混凝土的粉煤灰等级，如经试验论证，可采用比上述规定低一级的粉煤灰。

2. 混凝土中掺用粉煤灰，可采用等量取代法，超量取代法或外加法。

3. 粉煤灰在各种混凝土中取代水泥的最大限量（以重量计），应符合表3-41中的规定。

粉煤灰取代水泥的最大限量　表 3-41

混凝土种类	粉煤灰取代水泥的最大限量（%）			
	硅酸盐水泥	普通硅酸盐水泥	矿渣硅酸盐水泥	火山灰质硅酸盐水泥
预应力混凝土	25	15	10	—
钢筋混凝土；高强度混凝土；高抗冻融性混凝土；蒸汽养护混凝土	30	25	20	15
中、低强度混凝土；泵送混凝土；大体积混凝土；水下混凝土；地下混凝土；压浆混凝土	50	40	30	20
碾压混凝土	65	55	45	35

四、混凝土常用施工机械

（一）混凝土搅拌机

1. 混凝土搅拌机的类型、特点和应用

混凝土搅拌机按照进料、搅拌、出料是否连续，可分为周期作业和连续作业两种形式。周期作业式混凝土搅拌机按其搅拌原理分为自落式和强制式两种。

自落式搅拌机的搅拌原理是：物料由固定在旋转搅拌筒内壁的叶片带至高处，靠自重下落而进行搅拌。自落式搅拌机可以搅拌流动性和塑性混凝土拌合物。由于结构简单、磨损小、维修养方便、能耗低，虽然它的搅拌性能不如强制式搅拌机，但仍得到广泛应用。特别是对流动性混凝土拌合物，选用自落式搅拌机不仅搅拌质量稳定，而且不漏浆，比强制式搅拌机经济。

强制式搅拌机可以搅拌各种稠度的混凝土拌合物和轻骨料混凝土拌合物，这种搅拌机拌合时间短、生产率高，以拌合干硬性混凝土为主，在混凝土预制构件厂和商品混凝土搅拌楼（站）中占主导地位。

我国混凝土搅拌机的生产已基本定型，其产品型号由汉语拼音字母和数字两部分组成。J：搅拌机；G：搅拌筒为鼓形；Z：锥形反转出料；Q：强制式；F：锥形倾翻出料式；R：内燃机驱动。数字除以 1000 表示额定出料容量，单位为立方米，如 JG250 表示出料容量为 $0.25m^3$ 的鼓形自落式混凝土搅拌机。

混凝土搅拌机的主要性能参数有出料容量、进料容量、搅拌机额定功率、每小时工作循环次数和骨料最大粒径。相关标准中规定：混凝土搅拌机一律以每筒出料并经捣实后的体积（m^3）

作为搅拌机的额定容量，这一容量即性能参数中的出料容量。出料容量与进料容量在数量上的关系为：

$$出料容量(m^3) = 进料容量 \times 5/8(m^3) \qquad (4-1)$$

2. 混凝土搅拌机类型的选择和使用

混凝土搅拌机类型的选择和使用是否恰当，将直接影响到工程造价、进度和质量。因此，必须根据工程量的大小、搅拌机的使用年限、施工条件及所施工的混凝土施工特性（如骨料最大粒径、坍落度大小、黏聚性等）来正确选择混凝土搅拌机的类型、出料容量和台数，并合理使用。在选择混凝土搅拌机的具体型号和数量时，一般应考虑以下几点：

（1）从工程量和工期方面考虑。当混凝土工程量大，且工期长，宜选用中型或大型固定式混凝土搅拌机群、搅拌楼（站）；当混凝土需求量不太大，且工期不太长，宜选用中型固定式或中、小型移动式混凝土搅拌机组；当混凝土需求零散且用量较小，以选用中小型或小型移动式混凝土搅拌机为宜。

（2）从动力方面考虑。当电源充足，则应选用电动搅拌机；在无电源或电源不足的场合，应选用内燃机驱动的搅拌机。

（3）从工程所需混凝土的性质考虑。混凝土为塑性、半塑性时，宜选用自落式搅拌机；若要求混凝土为高强度、干硬性或细石骨料混凝土时，宜选用强制式搅拌机。

（4）从混凝土组成特性和稠度方面考虑。当混凝土稠度小，且骨料粒径大，宜选用容量大一些的自落式搅拌机；当混凝土稠度大且骨料粒径也较大时，宜选用搅拌筒旋转速度快一些的自落式搅拌机；当混凝土稠度大，骨料粒径小（粒径不大于 60mm 的卵石或粒径不大于 40mm 的碎石），宜选用强制式搅拌机或中小容量的锥形反转出料式搅拌机。

3. 常用搅拌机型号及特点

（1）JG250 型混凝土搅拌机

JG250 型混凝土搅拌机是比较早期的一种典型的自落式搅拌机，其适应骨料最大粒径为 60mm。它的特点是结构简单紧凑，配套齐全，运行平稳，操作简便，使用安全。因而至今仍是建筑工地用于搅拌塑性混凝土的机械。JG250型混凝土搅拌机主要由动力传动系统、进出料机构、搅拌机构、配水系统、操作系统、机架和行走机构等组成。图 4-1 为 JG250 型混凝土搅拌机示意图。

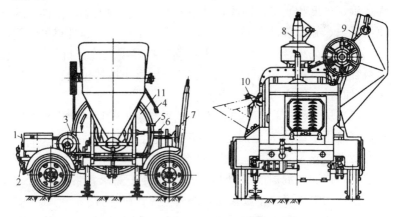

图 4-1　JG250 型混凝土搅拌机示意图

1—动力箱；2—水泵；3—进料斗提升离合器；4—加水控制手柄；

5—进料斗提升手柄；6—进料斗下降手柄；7—出料手轮；8—配水箱；

9—料斗；10—出料槽；11—搅拌鼓筒

（2）JZ350 型混凝土搅拌机

JZ350 型混凝土搅拌机为锥形搅拌筒、反转出料、移动式混凝土搅拌机。按它的搅拌原理属于自落式，其适应骨料最大粒径为 60mm。JZ350 型混凝土搅拌机适用于拌合塑性和低流动性混凝土，搅拌时，锥形搅拌筒旋转，叶片使物料提升、下落的同时，还强迫物料作轴向窜动。这种搅拌机与鼓形自落式搅拌机相比，其搅拌比较强烈，生产率高，拌出来的混凝土质量好，这种搅拌机的构造也较简单、操作方便，因而在建筑工地获得广泛的应用。JZ350 型混凝土搅拌机主要由动力传动系统、上料机构、搅拌机构、配水系统、电器控制部分、机架和行走机构等组成。图 4-2 为 JZ350 型混凝土搅拌机示意图。

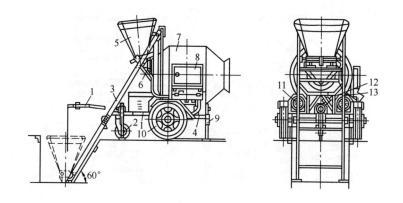

图 4-2　JZ350 型混凝土搅拌机示意图

1—牵引架；2—前支轮；3—上料架；4—底盘；5—料斗；6—中间料斗；

7—锥形搅拌筒；8—电器箱；9—支腿；10—行走轮；11—搅拌动力和传动机构；

12—供水系统；13—卷扬系统

（3）JQ250 型强制式混凝土搅拌机

JQ250 型强制式混凝土搅拌机属于立轴涡桨式混凝土搅拌机。该搅拌机具有结构紧凑、体积较小、工作中封闭性好、拌合混凝土均匀等优点。它主要由动力传动系统、进出料机构、搅拌机构、配水系统、操作系统及机架等组成。适合拌合细骨料和干硬性混凝土，是小型混凝土预制厂或建筑工地常用的一种机型。其适应骨料最大粒径为碎石 40mm，卵石 60mm。图 4-3 为JQ250 型强制式混凝土搅拌机示意图。

4. 混凝土搅拌机的安装就位和安全操作规程

（1）安装就位

混凝土搅拌机，应根据施工组织设计，按施工总平面图指定的位置，选择地面平整、坚实的地方就位。先以文腿支承整机，调整水平后，下垫枕木支承机重，不准用行走胶轮支承。使用时间较长的搅拌机，应将胶轮卸下保管，封闭好轴颈。安装自落式搅拌机时，进料口一侧应稍抬高 30～50mm，以适应上料时短时间内所引起的偏重。长时间使用搅拌机时，应搭设机栅，防止雨

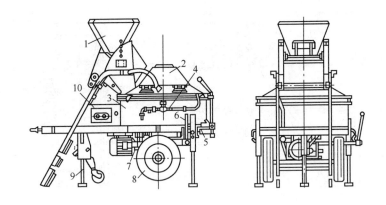

图 4-3 JQ250 型强制式混凝土搅拌机示意图

1—进料斗；2—拌筒罩；3—搅拌筒；4—水表；5—出料口；
6—操作手柄；7—传动机构；8—行走轮；9—支腿；10—电器工具箱

雪对机体的侵蚀，并有利于冬期施工。

（2）安全操作规程

1）搅拌机在使用前应按照"十字作业"法（调整、紧固、润滑、清洁、防腐）的要求，来检查搅拌机各机构是否齐全、灵活可靠、运转正常，并按规定位置加注润滑油。各种搅拌机（除反转出料外）都为单向旋转进行搅拌，所以不得反转。

2）搅拌机进入正常运转后，方准加料，必须使用配水系统准确加水。

3）上料斗上升后，严禁料斗下方有人通过，更不得有人在料斗下方停留，以免制动机构失灵发生事故；如果需要在上料斗下方检修机器时，必须将上料斗固定（强制式和锥形反转出料式用木杠顶牢，鼓形用保险链环扣上），上料手柄在非工作时间也应用保险链扣住，不得随意扳动。上料斗在停机前必须放置到最低位置，绝对不允许悬于半空或以保险链扣在机架上梁，不得有任何隐患。

4）机械在作业中，严禁各种砂石等物料落入运转部位。操作人员必须精力集中，不准离开岗位，上料配合比要准确，注意控制不同搅拌机的最佳搅拌时间。如遇中途停电或发生故障要立即停机、切断电源，将筒内的混合物清理干净。若需人员进入筒内维修，筒外必须有人看电闸监护。

5）强制式混凝土搅拌机无振动机构，因而原材料易粘附在斗的内壁上，可通过操作机构使料斗反复冲撞限位挡板倾料。但要保证限位机构不被撞坏，不失其限位灵敏度。在卸料手柄甩动半径内，不准有人停留。卸料活门应保持开启轻快和封闭严密，如果发生磨损，其配合的松紧度，可通过卸料门板下部的螺栓进行调整。

6）每班工作完毕后，必须将搅拌筒内外积灰、粘渣清理干净，搅拌筒内不准有清洗积水，以防搅拌筒和叶片生锈。清洗搅拌机的污水应引入渗井或集中处理，不准在机旁或建筑物附近任其自流。尤其在冬季，严防搅拌机筒内和地面积水甚至结冰，应有防冻、防滑、防火措施。

7）操作人员下班前，必须切断搅拌机电源，锁好电闸箱，确保机械各操作机构处于零位。

（二）混凝土搅拌车

1. 混凝土搅拌运输车的特点和使用方式

混凝土搅拌运输车是在载重汽车底盘上装备一台混凝土搅拌机，也称为汽车式混凝土搅拌机。混凝土搅拌运输车是专门运输混凝土工厂生产的商品混凝土的配套设备。

（1）特点

混凝土搅拌运输车的特点是：在运量大、运距远的情况下，能保持混凝土的质量均匀，不发生泌水、分层、离析和早凝现象，适用于机场、道路、水利工程、大型建筑工程施工，是发展商品混凝土必不可少的设备。图4-4为混凝土搅拌车。

（2）使用方式

1）当运送距离小于10km时，将拌好的混凝土装入搅拌筒

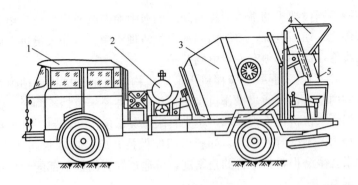

图 4-4　混凝土搅拌车

1—载重汽车；2—水箱；3—搅拌筒；4—装料斗；5—卸料机构

内，在运送途中，搅拌筒不断地作低速旋转，这样混凝土在筒内便不会产生分层、离析或早凝等现象，保证至工地卸出时混凝土拌合物均匀，这种方法实际上是把混凝土搅拌运输车作为混凝土的专用运输工具使用。

2）当运送距离大于 10km 时，为了减少能耗和机械磨损，可将搅拌楼按配合比要求配好的混凝土干混料直接装入搅拌筒内，拌合用水注入水箱内，待车行至浇注地点前 15～20min 行程时，开动搅拌机，将水箱中的水定量注入搅拌筒内进行拌合，即在途中边运输、边搅拌，到浇注地点卸下已拌好的混凝土。

2. 混凝土搅拌运输车的基本组成

从图 4-4 中可以看到，混凝土搅拌运输车是由载重汽车、水箱、搅拌筒、装料斗、传动系统和卸料机构组成。混凝土搅拌运输车搅拌筒旋转的动力源有两种形式：一种是搅拌筒旋转和汽车底盘共用一台发动机，即集中驱动。另一种是搅拌筒旋转单独设置一台发动机，即单独驱动。

单独驱动的优点是：搅拌筒工作状态不受汽车底盘负荷的影响，更能保证混凝土运输质量；同时底盘行驶性能也不受搅拌机的影响，有利于充分发挥底盘的牵引力。日前较大容量的混凝土搅拌运输车均采用单独驱动。

混凝土搅拌运输车搅拌筒传动形式有机械传动和液压—机械传动两种。由于液压-机械传动具有结构紧凑、操作方便、噪声小、平稳且能实现无级调速，所以大多数采用液压-机械传动形式。典型的液压-机械传动形式有：

变量泵——液压电动机——减速器——链传动——搅拌筒

变量泵——液压电动机——减速器——搅拌筒

混凝土搅拌运输车的搅拌筒为固定倾角斜置的反转出料梨形结构，安装在机架的滚轮及轴承座上，与水平方向的夹角为18°～20°，其构造如图4-5所示。

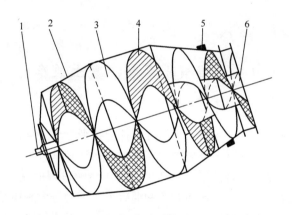

图 4-5　混凝土搅拌运输车的搅拌筒构造示意图
1—中心轴；2—搅拌筒体；3、4—螺旋叶片；5—环形滚道；6—进料导管

当前，混凝土搅拌运输车已推出了带有振动子的新一代产品，带振动子的搅拌运输车与一般自落式搅拌运输车相比，其优点是：搅拌作用强烈，又可避免强制式搅拌机或多或少地引起骨料细化（骨料细化使骨料总面积增加，造成水泥用量增加）的缺点；这种搅拌运输车用高压喷嘴把水直接喷射到拌合物中，能更快更有效地生产出优质混凝土；由于有振动装置，使卸料迅速干净，只需很少清洁水并可回收使用，减少能耗和叶片磨损。

带有振动子的混凝土搅拌运输车能有效地拌合钢纤维混凝

土、泡沫混凝土和轻骨料混凝土等。图4-6为带振动子的混凝土搅拌运输车的上半部分示意图。

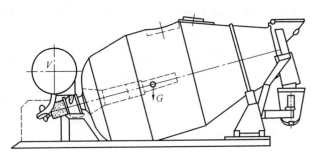

图 4-6　带振动子的混凝土搅拌运输车上半部分示意图

（三）混凝土泵和混凝土泵车

1. 混凝土泵

混凝土泵是利用压力将混凝土拌合物沿管道连续输送到浇注地点的设备，混凝土泵能同时完成水平运送和垂直运送，与混凝土搅拌运输车配合使用，实现了混凝土运输过程的完全机械化，大大提高了混凝土的运输效率和混凝土工程的进度和质量。将混凝土泵和布料装置安装在载重汽车底盘上，形成混凝土泵车，具有机动性强、布料灵活等特点。混凝土泵与独立的布料装置配合使用，适用于工业与民用建筑的大体积混凝土施工，特别是大型高层建筑施工，已成为必不可少的主要设备。

混凝土泵技工作原理分为活塞式、挤压式和水压隔膜式。常用的为双缸液压往复活塞式混凝土泵，双缸液压往复活塞式混凝土泵配置两个混凝土缸，当一个缸为吸料行程时，另一个缸为推料行程，双缸往复运动，交替工作，保证混凝土沿管道的输送连续平稳，排量大、生产率高，在建筑工程中得到广泛应用。

2. 混凝土泵车

混凝土泵车是在拖式混凝土泵基础上发展起来的专用灌注混

凝土的设备。混凝土泵车的应用，将混凝土输送和浇注工序合二为一，同时完成混凝土的水平运输和垂直运输，不再需要起重设备和混凝土的中间转运，保证了混凝土的质量。混凝土泵车和混凝土搅拌运输车配合使用，实现了混凝土运输过程的完全机械化，大大提高了运输效率和混凝土工程的进度。

图 4-7 为 BC85-21（IPF85B）型混凝土泵车的基本构造，其理论最大输送量为 85m³，布料高度为 20.7m。混凝土泵车由布料装置、混凝土泵、支腿装置和汽车底盘等组成。

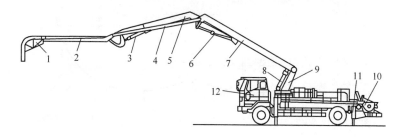

图 4-7　BC85-21（IPF85B）型混凝土泵车的基本构造示意图

1—臂架软管；2—上臂架；3—上臂架油缸；4—输送管；5—中臂架；

6—中臂架油缸；7—下臂架；8—下臂架油缸；9—回转装置；

10—混凝土泵；11—支腿；12—汽车底盘

混凝土泵装在经过改装的汽车底盘上，车上装有布料装置、臂架和输送混凝土的臂架软管等。臂架为 Z 形三节折叠臂，上臂架、中臂架和下臂架相互铰接，分别由驱动油缸进行折叠或展开。臂架软管附着在各段臂架上，在臂架铰接处用密封可靠的回转接头连接。整个臂架安装在转台上，可作 360°全回转，臂端软管的托架也能转动。图 4-8 为 BC85-21（IPR5B）型混凝土泵车布料时的工作范围，其浇注口可以达到这一空间范围的任意位置。

混凝土泵和混凝土泵车的主要技术参数包括理论最大输送值、泵送混凝土额定压力、水平输送距离和垂直输送距离等。BC85-21（IPR5B）型混凝土泵车泵送混凝土额定压力为

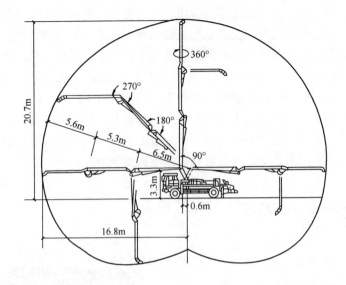

图 4-8　BC85-21（IPR5B）型混凝土泵车布料时的工作范围示意图

4.7MPa，当混凝土输送管径为 ϕ125mm 时，水平输送距离可达110m，允许最大骨料尺寸为 40mm。

（四）混凝土振动机械

通过动力传动，使振动装置产生一定频率的振动，并将这种频率的振动传递给混凝土机械称为混凝土振动机械。浇入模板内的混凝土受到一定频率的振动时，混凝土料粒间的摩擦力和黏结力有所下降，于是料粒在自重力的作用下，自行填充料粒间的间隙，排出混凝土内部的空气，提高混凝土的密实度。经过振捣避免混凝土构件中形成气孔，并使构件表面光滑、平整，不致出现麻面和露筋；钢筋混凝土构件浇筑后，经过振捣可以显著地提高钢筋与混凝土的握裹力，保证和增强混凝土的强度。混凝土振动机械对混凝土的振捣作用，不仅仅保证了工程质量，而且对改善劳动条件、提高模板周转率、加快工程进度都有极为重要的意义。

1. 混凝土振动机械的类型和选用

（1）按传递振动方式分类

根据传递振动方式，混凝土振动机械分为内部振动器、外部振动器、表面振动器和台式振动器。内部振动器是将振动部分（振捣棒）直接插入混凝土内部，多用于较厚的混凝土振捣，如大型建筑物基础、桥墩、柱、梁、灌注桩基础的现浇混凝土施工。外部振动器一般将其固定在现浇混凝土模板上，又称为附着式振动器，如图4-9所示。这种振动器常用于薄壳形构件、空心板梁、拱肋和T形梁等的施工。表面振动器是将振动器的振动部分的底板放在混凝土表面进行振捣，使之密实，又称为平板振动器。这种振动器多用于建筑物室内外地面、路面和桥面的施工。台式振动器即混凝土振动平台，这种振动器适用于混凝土构件预制厂生产梁柱、板等大型构件或同型大量混凝土构件的振捣。

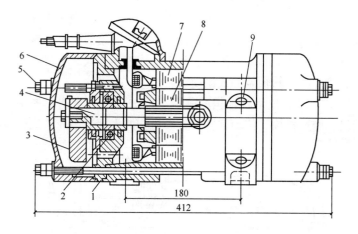

图 4-9　附着式振动器

1—轴承管；2—轴承；3—偏心块；4—轴；5—螺栓；6—端盖；
7—定子；8—转子；9—地脚螺栓

（2）按振动频率的不同分类

根据振动频率的不同，混凝土振动机械分为低频振动器、中频振动器和高频振动器。低频振动器的振动频率在 2000～5000 次/min，中频振动器的振动频率在 5000～8000 次/min，高频振动器的振动频率在 8000～21000 次/min。

一般来说，低频振动器为外部或表面振动器，振动频率在 2000～5000 次/min；内部插入式振动器的振动频率在 8000～21000 次/min，适用于塑性和干硬性混凝土的振捣。混凝土振动器主要参数包括振动力、振动频率和振幅，在一定条件下，频率越高，振幅越小；频率越低，振幅越大。在混凝土施工中，应根据混凝土的组成特性、施工条件的具体情况，选用合适的结构形式和合理的工作参数的振动器。当混凝土坍落度在 30～60mm，骨料最大粒径在 80～150mm 时，可选用频率为 6000～7000 次/min、振幅为 1～1.5mm 的振动器；对于小骨料、干硬性混凝土，可选用频率为 7000～9000 次/min 及其以上的振动器。

2. 插入式混凝土振动器

插入式混凝土振动器是插入混凝土内部进行振捣的振动器，也称为振捣棒。这种振动器将振动直接传递给混凝土，振动效果较好。插入式振捣棒中振动子基本形式有偏心式和行星式两种。

（1）电动软轴偏心式振动器

图 4-10 为电动软轴偏心式振动器的构造示意图。主要由电动机、增速机构、传动软轴和振动机构四大部分组成。这种振动

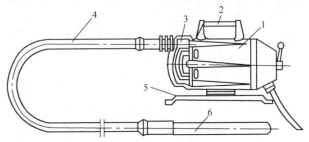

图 4-10　电动软轴偏心式振动器的构造示意图
1—电动机；2—手柄；3—增速机构；4—传动软轴；
5—回转底盘；6—振捣棒

器的振动频率一般为 6000～7000 次/min。

电动软轴偏心式振动器一般配用二级交流异步电动机，转速为 2880r/min。为了提高振动棒内的偏心振动子的转速即振动频率，在电动机输出轴及端盖内设有增速机构。增速机构由安装在电动机转子轴上的大齿轮和软轴端的小齿轮组成，传动比为0.5，当电动机运转后，使软轴的转速比电动机转速快 1 倍，获得中频振动器的振动频率。

软轴由 4 层以上钢丝交错卷绕而成。软轴传动时的旋转方向应使最外层越来越紧，而将内层钢丝包紧，否则会使钢丝扰乱而使软轴损坏。因此，凡采用软轴传动的振动器，在电动机转子轴上必须设置单向离合器。单向离合器又称为防逆转装置，在构造上有胀轮式、套筒式、相牙嵌式三种。胀轮式单向离合器的工作原理是当电动机按要求方向旋转时，由于胀轮滚道斜面及滚珠本身的惯性力作用，使衬环内壁和胀轮滚道夹紧滚珠面而形成整体，随即带动软轴旋转，振动器发生振动。当电动机因接线错误而反向运转时，可使衬环内壁和胀轮滚道之间产生推力而将滚珠推向斜槽的大端，使滚珠不再紧贴衬环内壁，这样，电动机无法带动传动软轴，使传动软轴受到保护。传动软轴外面的软管作为软轴的轴承，承受钢丝软轴的作用力，并有防污、防伤、润滑等功能。

振动棒是振动器的工作部分，棒壳由一段无缝钢管制成，圆柱形偏心振动子及两端滚动轴承安装在棒壳内。振动棒末端通过细牙螺纹连接有顶盖，另一端以特制接头与传动软轴相连接。圆柱形偏心振动子的外形如图 4-11。

（2）电动软轴行星式振动器

电动软轴偏心式振动器的缺点是振动子的振动力直接作用在两端的轴承上，因而两端的滚动轴承容易发热和磨损；为了提高偏心振动子的振动频率，还需设置齿轮增速机构，使整个机器趋于复杂；再者，电动软轴偏心式振动器的振动频率和对混凝土的捣固效率偏低，所以这种振动器已逐渐被电动软轴行星式振动器取代。

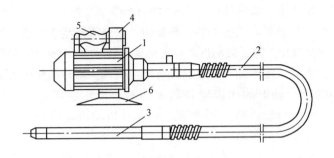

图 4-11　圆柱形偏心振动子的外形

1—电动机；2—传动软轴；3—振捣棒；4—电路开关；

5—提手柄；6—回转底盘

电动软轴行星式振动器是一种高频振动器，它的特点是在不提高软轴转速即无增速机构的情况下，利用振动子的行星运动，来获得较高的振动频率。对于塑性、半塑性、半干硬性以及干硬性混凝土，都可以取得很好的振动效果。图 4-12 为电动软轴行星式振动器，它由电动机、传动软轴、振动棒及回转底盘等组成。

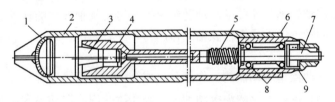

图 4-12　内滚动式行星棒的构造图

1—端壳；2—棒壳；3—轨座销轴（滚道）；4—振动子；5—弹簧球铰；

6—轴承座套；7—中间轴；8—滚动轴承；9—密封法兰

电动软轴行星式振动器的振动子在传动软轴的带动下自转的同时还沿滚道发生公转，因此，振动棒产生的振动频率是一个复振频率，可高达 10000～19000 次/min。振动子的公转从构造上分为外滚动式和内滚动式两种，图 4-12 所示为内滚动式行星棒。行星式振动子的直径与滚道直径越接近其公转的转速就越高，振动棒的振动频率也就越高。图 4-12 为内滚动式行星棒的构造图。行星式振动棒内的滚动轴承不直接承受和传递振动力，所以不易发热和磨损，使用寿命比偏心式振动棒长。

3. 插入式混凝土振动器的正确使用和安全操作

（1）在接通电源前应检查电动机接线是否正确，导线外皮是否有破损和漏电现象，振动棒连接是否牢固和有无破损，外壳接地保护是否可靠。

（2）在使用前应进行试运转，电动机运转方向应与机壳上的箭头方向一致（从风罩端看），当电动机启动后，如软轴不转或转速不稳定，单向离合器中发生响声，说明电动机旋转方向反了，应立即切断电源，将三相进线中的任意两相交换位置。

（3）电动机运转正常时振动棒应发出"呜"的声音，振动稳定有力，如果振动棒有"哗哗"声而不转动时，可将棒头摇晃几下或将振动棒尖头对地面轻轻磕 1～2 下，待振动棒振动正常后方可插入混凝土中振动。

（4）应将振动棒自然地向下沉入混凝土中，不得用力硬推或斜插。操作时两手握住橡胶软管，相距为 400～500mm 为宜，软轴的弯曲半径不应小于 500mm，急剧的弯折会使软轴、软管受到损伤。

（5）振动棒沉入深度一般控制在 350～400mm，不得将软轴插入混凝土中，以防砂浆侵蚀软管或漏入软管内损坏机件。在工作中，不能将振动棒放在模板或钢筋上，更不准碰撞结构的主筋或硬物，以防模板、钢筋发生走动、位移和变形，致使混凝土产生裂缝或蜂窝。

（6）振动棒工作时间不宜过长，更不准长时间空振，一般每工作 30min，应停歇几分钟待振动棒降温后再使用。

（7）不可将软轴和振动棒拖在地上行走，应将软轴搭在肩上，一手提主机，另一手拿住振动棒行走。振动器用完后，应清理各部分表面，唯有水泥浆凝结，振动器清理完毕后放在干燥处妥善保管。

（五）滑模和升板机械

滑模施工一般用于整体浇注混凝土结构，它是按照建筑结构平面成一定高度的模板装配系统，利用提升设备不断向上提升，同时浇筑混凝土，连续浇筑成混凝土墙。滑升模板施工是现浇混凝土工程中机械化程度较高的工艺之一。图 4-13 为滑升模板装置。

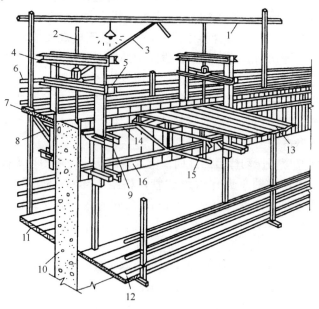

图 4-13　滑升模板装置示意图

1—支架；2—支撑杆；3—油管；4—千斤顶；5—提升架；6—栏杆；

7—外平台；8—外挑梁；9—收分装置；10—混凝土墙；11—外吊平台；

12—内吊平台；13—内平台；14—上围圈；15—桁架；16—模板

升板施工是多层钢筋混凝土无梁楼盖的一种新施工方法。它的基本施工过程是，建筑物的基础施工完毕后，将柱子立起并校准，平整室内地面，浇注地面并将地面作为胎模，就地重叠浇筑各层楼板和屋面板。待混凝土达到设计强度后，借助于安装在柱子上的提升设备，将楼板层提升到设计要求的高度和位置，并加以固定。近年来，升板施工在多层仓库、商场、教学大楼、医院、多层轻工业厂房、高层住宅和旅馆等应用较多。

1. 滑升模板系统的装置与设备

滑升模板系统主要是由模板系统、操作平台系统和提升系统三大部分组成。

（1）模板系统

模板系统包括模板、围圈和提升架等。模板的作用是确保混凝土按设计要求的结构形体尺寸准确成形，并承受新浇筑混凝土的侧压力、冲击力和在滑升时混凝土对模板产生的摩擦阻力；模板以钢模板为多，也有钢、木混合材料制成的模板。钢模板的宽度为 300～500mm，厚度为 2～3mm，高度为 1.0～1.4m。模板支承在围圈上。围圈的作用是固定模板的位置，保证模板所构成的几何形状不变，承受模板传来的水平力和垂直力。围圈把模板和提升架联系在一起，构成模板系统，当提升架提升时，通过围圈带动模板，使模板随之向上滑升。提升架又称千斤顶架或门架，其作用是固定围圈的位置，防止模板侧向变形；承受作用于整个模板上的竖向荷载；将模板系统和操作平台全部荷载传给千斤顶相支撑杆。图 4-14 为钢提升架示意图。

提升架由立柱、横梁、上、下围圈支托和支撑操作平台的支托及套管等部件组成。套管的作用是使支撑杆能回收再使用。套管内径一般比支撑杆直径大 2～5mm，使支撑杆与周围混凝土不相粘结，待施工完毕后，可将支撑杆拔出。

（2）操作平台系统

操作平台又称工作平台，主要包括主操作平台、外挑操作平台、吊脚手架等。若施工需要时还需要设置上辅助平台。操作平台系统如图 4-15 所示。它是供材料、工具、设备堆放和施工人员进行操作的场所。其承载力大，要求具有足够的强度和刚度。

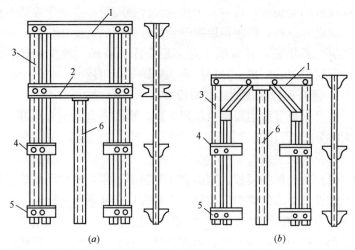

(a)　　　　　　　　　　(b)

图 4-14　钢提升架示意图

(a)两横梁；(b)单横梁

1—上横梁；2—下横梁；3—立柱；4—上围圈支托；5—下围圈支托；6—套管

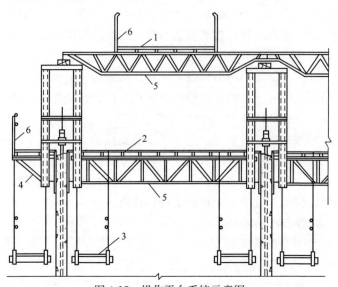

图 4-15　操作平台系统示意图

1—上辅助平台；2—主操作平台；3—吊脚手架；4—三角挑梁；

5—承重桁架；6—防护栏杆

（3）提升系统

提升系统是使全部滑升模板装备及施工荷载向上滑升的动力装置，由支撑杆、千斤顶、液压控制系统和油路等组成，由电动机带动油泵，将油液通过换向阀、分油器、截止阀及管路输送到各台千斤顶。在不断供油、回油的过程中，使千斤顶活塞不断地压缩、复位，将全部滑升模板装置向上提升到需要的高度。

施工时液压千斤顶安装在提升架的横梁上，支撑杆插入千斤顶的中心孔内。如图 4-16 和图 4-18 所示，提升时，液压油从千斤顶的进油口进入活塞和缸盖之间，由于与活塞连成一体的上卡头内的小钢珠与支撑杆产生自锁作用，使上卡头与支撑杆紧锁，因此活塞不能下行。于是在液压油不断进入活塞和缸盖之间时，缸筒连带底座和下卡头便被向上顶起，相应带动提升架和整个滑升模板上升。当上升到下卡头紧靠上卡头时，即完成一个工作行程。这时排油弹簧处于压缩状态，上、下卡头承受着滑升模板的荷载。当油泵停止供油时，在排油弹簧的弹力作用下，把活塞推举向上，液压油从排油口排出。在排油开始瞬间，与缸筒和底座连成一体的下卡头由于小钢珠和支撑杆的自锁作用，与支撑杆锁紧，使缸筒和底座不能下降。当活塞上升到上止点后，排油工作亦即完毕，这时千斤顶便完成了一次上升的工作循环。一个工作循环

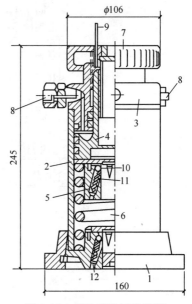

图 4-16　钢珠式液压千斤顶

1—底座；2—缸筒；3—缸盖；4—活塞；
5—上卡头；6—排油弹簧；7—行程调整帽；
8—油嘴；9—行程指示杆；10—钢珠；11—
　　　卡头小弹簧；12—下卡头

135

千斤顶只上升一次，行程约 30mm，排油时千斤顶既不上升，也不下降。通过不断地排油、进油，重复工作循环，上、下卡头先后交替地锁紧支撑杆并不断向上爬升，模板也就被带着不断向上爬升。

支撑杆又称爬杆，是千斤顶向上爬升的轨道，又是滑升模板装置的承重支柱，承受着施工过程中的全部载荷。支撑杆一般采用直径为 25mm 的 Q235A 圆钢筋。当采用楔块式千斤顶时也可用螺纹钢筋（图 4-17 为楔块式千斤顶简图）。

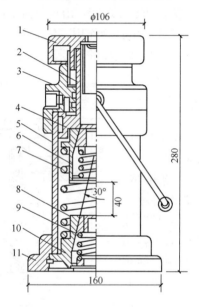

图 4-17　楔块式液压千斤顶

1—行程调整帽；2—活塞；3—缸盖；4—上卡头块；5—缸筒；6—上卡块座；
7—排油弹簧；8—下卡头块；9—弹簧；10—下卡块座；11—底座

2. 升板施工的提升装置

升板提升装置是升板法施工的提升设备，主要有液压式和电动机械传动式两种类型。液压式具有传动平稳、机械效率高等优点。

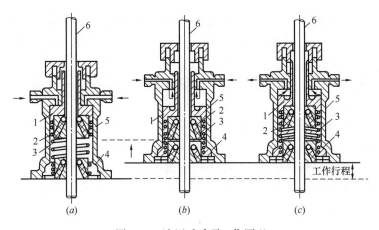

图 4-18　液压千斤顶工作原理

1—活塞；2—上卡头；3—排油弹簧；4—下卡头；5—缸筒；6—支撑杆

（1）普通液压千斤顶提升装置

图 4-19 所示的是普通液压千斤顶提升装置。它是由液压千

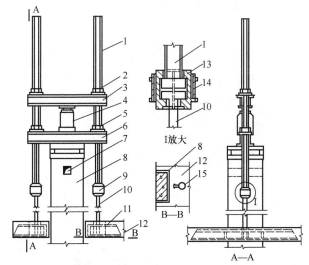

图 4-19　普通液压千斤顶提升装置

1—螺杆；2—上螺母；3—上横梁；4—液压千斤顶；5—下螺母；6—下横梁；
7—承重销孔；8—钢筋混凝土；9—套筒接头；10—吊杆；11—提升环；
12—钢筋混凝土楼板；13—铸铁接头；14—套筒；15—提升预留孔

斤顶、上横梁、下横梁、螺杆、吊杆、套筒接头等组成。工作时，吊杆下端套在楼板上的钥匙形预留孔内。如图4-19所示，楼板在提升前拧紧上螺母使楼板悬挂在上横梁上，当千斤顶活塞上升时，上横梁向上运动，此时螺杆、吊杆和钢筋混凝土楼层板也随之上升；当千斤顶完成一个行程后，则拧紧下螺母，使楼层板悬吊在下横梁上；随后千斤顶回油，上横梁即下降，再拧紧上螺母。从头开始反复循环上述工序，楼层板升到一定高度后，将预先准备好的钢销插入柱子上的承重销孔内，把楼层板托住。这时可对螺杆下落和吊杆的长度进行调整，然后继续提升楼层板，直至设计标高。

（2）自动液压千斤顶提升装置

自动液压千斤顶提升装置又称自动液压升板机或提升机，如图4-20所示。它由活塞、油缸、上横梁、下横梁、上下液压电动机、提升螺杆、上下齿轮螺母、回位弹簧和吊杆等组成。将各柱顶找平后，把调整好的液压提升机安装在柱顶上，将楼层板挂

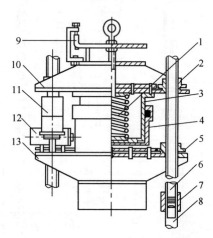

图4-20　自动液压千斤顶提升装置

1—回位弹簧；2—上齿轮螺母；3—活塞；4—油缸；5—下齿轮螺母；
6—提升螺杆；7—套筒接头；8—吊杆；9—限位器；10—上横梁；
11—上下液压电动机；12—自动调角机；13—下横梁

在提升机吊杆的下端，并检查提升螺杆与吊杆的套筒接头连接情况。提升时，开动油泵，高压油从操纵阀分两路，一路进入下液压电动机，驱动下齿轮螺母；另一路进入提升机油缸，使活塞推动上横梁上升，同时带动上齿轮螺母，提升螺杆和吊杆，使楼板随之上升。此时由于下液压电动机仍在不停地转动着下齿轮螺母，使它始终紧靠下横梁。当活塞上升一个冲程后，操纵阀门停止上升。此时回位弹簧被压缩。回油时，在回位弹簧力作用下，活塞被压下，楼层板全部载荷作用在下横梁上。同理，上齿轮螺母开始与上横梁脱开，而上液压电动机驱动上齿轮螺母紧贴上横梁，等活塞回到原位后，即完成了一个行程的提升。为控制楼层板达到同步提升，在每套提升机上都装有升高限位器和自动调角机，能够准确地知道各柱顶提升装置的同步情况。自动液压提升机操作简单，提升能力为50～70t，自动化程度和生产效率都较高。

（3）自升式电动螺旋千斤顶提升装置

自升式电动螺旋千斤顶提升装置属于机械传动式升板机，其构造如图 4-21 所示。由电动机通过变速箱及链传动带动蜗杆转动，

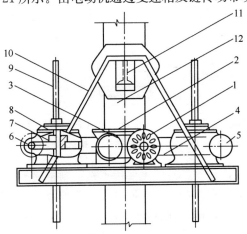

图 4-21　机械传动式升板构造示意图

1—电动机；2—变速箱；3、5—链轮；4—链条；6—螺杆；7—涡轮；
8—螺母；9—起重螺杆；10—吊环；11—承重销；12—柱

再带动蜗轮及装在蜗轮内的螺母转动，迫使起升螺杆上升或下降。
螺杆的底端通过连接器与吊杆相连，吊杆与被提升的板相锁接。

（六）混凝土搅拌楼（站）

1. 混凝土搅拌楼（站）的类型

骨料一次提升而完成全部生产流程的生产混凝土的成套设备
称为单阶式搅拌楼（图 4-22）；骨料二次或二次以上提升而完成
全部生产流程的生产混凝土的成套设备称为双阶式搅拌楼（图
4-23）；混凝土搅拌楼（站）是集中生产商品混凝土的成套设备，
用于现浇混凝土结构工程。

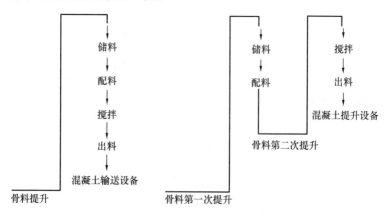

图 4-22　单阶式混凝土　　　　图 4-23　双阶式混凝土
　　搅拌楼生产流程　　　　　　　搅拌楼生产流程

混凝土搅拌楼（站）的主要优点是：制备混凝土的全部工艺
过程实现机械化和自动化，生产量大，搅拌效率高；便于对混凝
土配合比作严格控制，保证混凝土质量稳定；集中生产混凝土，
不必在施工现场堆放大量砂石和储存大量水泥，从而减少施工占
用场地、节约材料、降低成本、减轻劳动强度，保证施工现场文
明施工。

（1）单阶式混凝土搅拌楼从储料开始，全部靠自重使材料下落经过各个工序，因而自动化程度高，效率高。但搅拌楼整体结构高，要配备大型运输设备，一次性投资大，建设周期长。适用于产量大的商品混凝土生产厂。

（2）双阶式混凝土搅拌楼高度低，只配备小型运输设备，具有投资小、建设快、平面布置灵活的特点。但这种双阶式混凝土搅拌楼与单阶式混凝土搅拌楼相比，其自动化程度和效率一般较低。

2. 混凝土搅拌楼的组成

图 4-24 为 HL3F90 型混凝土搅拌楼的构造示意图。混凝土搅拌楼一般为钢结构，其高度达 24～25m，它把进料、储料、配料、搅拌和出料等机械设备由上至下按垂直分层布置，有机地组合起来，机电设备分装各层，集中控制。混凝土搅拌楼按其生产流程分为楼内设备和楼外设备两大部分。

（1）楼内设备

混凝土搅拌楼内设有进料、储料、配料、搅拌和出料层等，顶层为进料层。进料层布置有砂、石和水泥的进料装置和分料用的电动回转料斗。若以气动输送水泥时，还包括旋风分离器。从胶带输送机送上来的粗细骨料经回转料斗分别进入储料层的砂、石储料斗内。输送水泥或掺和料，由斗式提升机提升上来的水泥，经溜管进入水泥储料斗内。储料层装有六角（或八角）形金属结构装配式储料仓，料仓中央布置有双锥圆筒形水泥储仓，沿储仓轴线用钢板分隔成格，可储存两种不同强度等级的水泥。水泥仓周围为砂、石骨料储仓，彼此用钢板隔开，可同时分别储存各种不同粒径的骨料和掺合料。配料层内设料仓给料器、供水管路和储水箱、称料斗、电子配料装置、控制室、吸尘装置和集料斗等。如图 4-24 中配料层平面布置所示，由控制器控制的电子自动称量装置按混凝土配合比要求，将砂、石、水泥称量好，并汇集到集料斗。同时水和外加剂等也称量好，待下料时与集料斗内配好的混合料同时卸入搅拌筒内。搅拌层平面布置设有三台或四台混凝土搅拌机、回转给料器、搅拌系统的电器控制柜、压缩空气净化装置和储气罐等。当配好的混合料、水和外加剂经回转给料器、搅拌系统卸入搅拌筒后即可进行搅拌。出料层设有出料斗，出料斗中的储料由气泵带动的弧形门启闭而控制卸料。卸出的混凝土由混凝土搅拌运输车运往施工现场。

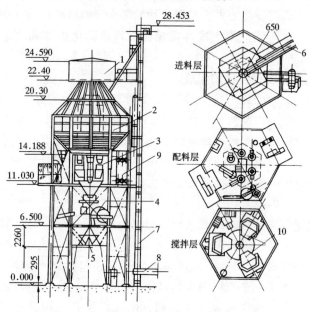

图 4-24　HL3F90 型混凝土搅拌楼的构造示意图

1—进料层；2—储料层；3—配料层；4—搅拌层；5—出料层；
6—胶带输送机；7—斗式提升机；8—螺旋输送机；
9—吸尘器；10—搅拌机

（2）楼外设备

搅拌楼外设备有砂、石储仓，装载设备，斜式胶带输送机，圆筒形水泥仓，螺旋输送机将水泥仓筒中的水泥密封水平输送，然后，由斗式提升机将水泥垂直封闭运输到顶层的水泥储料仓中。

3. 混凝土搅拌站

图 4-25 为 HZD50 型混凝土搅拌站外形图，安装一台单卧轴

式混凝土搅拌机，其生产效率为 $50m^3/h$。这种搅拌站的骨料供储系统由悬臂拉铲和星形料仓（可储存六种骨料）组成，水泥的供储系统由两个水泥仓筒和倾斜式螺旋输送机组成。配料系统包括电子秤和提升斗称量配料装置及水表、外加剂量筒等。这种搅拌站的配料、搅拌、出料等由电子系统控制。

悬臂拉铲由悬臂、拉铲、边幅机构、回转机构和拉铲卷扬机构组成。悬臂拉铲不需要辅助设备可自行将垛料扒开，把砂、石骨料堆高，在受料口上面形成一个活料区。星形料仓与悬臂拉铲组合，用挡料墙分隔成多仓，既是料场又是储存仓。星形料仓的扇形角范围一般为 $210°$，悬臂拉铲与星形料仓组合的形式在中等产量的拆装式搅拌站中得到广泛应用。

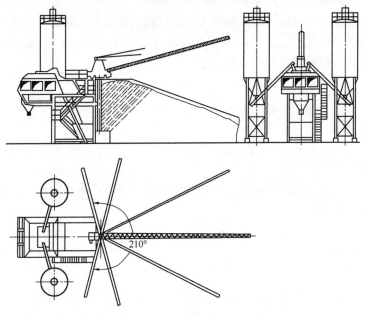

图 4-25　HZD50 型混凝土搅拌站外形图

五、普通混凝土配合比设计

普通混凝土配合比设计，一般应根据混凝土强度等级及施工所要求的混凝土拌合物坍落度（或工作度—维勃稠度）指标进行。如果混凝土还有其他技术性能要求，除在计算和试配过程中予以考虑外，尚应增添相应的试验项目，进行试验确认。

普通混凝土的基本组成材料是水泥、水、砂子和石子等。混凝土配合比设计就是根据所选用原材料的性能和对混凝土的技术要求，通过计算、试配和调整等步骤，求出各项材料的组成比例，以便制得既经济又符合质量要求的混凝土。

混凝土配合比设计应达到如下要求：

（1）满足混凝土结构设计强度要求和各种使用环境下的耐久性要求。

（2）要使混凝土拌合物具有适应施工条件的流动性（坍落度）等工作性能。

（3）对某些特殊要求的工程，混凝土还应满足抗冻性、抗渗性等要求。

（4）要节约使用水泥和降低工程成本，以达到要求的技术经济效果。

（一）普通混凝土配合比设计方法和步骤

1. 配合比设计方法

我国现行的《普通混凝土配合比设计规程》JGJ 55—2011中采用了绝对体积法和假定重量法两种配合比设计方法。所谓绝对体积法（简称"体积法"）是根据填充理论进行设计的。即将混凝土按体积配制粗骨料，细骨料填充粗骨料空隙并考虑混凝土的工作性能确定砂率，根据强度要求及其他要求确定用胶量和水胶比的混凝土配制方法。重量法则是假定混凝土的重量，考虑混凝土不同要求，采用不同重量比的设计方法。

2. 配合比设计步骤

（1）计算混凝土配制强度，并求出相应的水胶比。

（2）选取每立方米混凝土的用水量，并计算出每立方米混凝土的水泥用量。

（3）选取砂率，计算粗骨料和细骨料的用量，并提出供试配用的计算配合比。

（4）混凝土配合比试配。

（5）混凝土配合比调整。

（6）混凝土配合比确定。

（7）根据粗骨料与细骨料的实际含水量，调整计算配合比，确定混凝土施工配合比。

3. 配合比设计的三个参数

混凝土的配合比设计，实质上就是确定水、有效胶凝材料、粗骨料（石子）、细骨料（砂）这四项组成材料用量之间的三个对比关系，即三个参数。即水和有效胶凝材料之间的比例——水胶比；砂和石子间的比例——砂率；骨料与水泥浆之间的比例——单位用水量。在配合比设计中能正确确定这三个基本参数，就能使混凝土满足配合比设计的四项基本要求。

（1）水胶比

水与胶凝材料总量之间的对比关系，用水与胶凝材料用量的重量比来表示。

（2）砂率

砂子与石子之间的对比关系，用砂子重量占砂石总重的百分数来表示。

（3）单位用水量

结构混凝土材料的耐久性基本要求

（设计使用年限为 50 年） 表 5-1

环境类别	条件	最大水胶比	最低强度等级	最大氯离子含量（%）	最大碱含量（kg/m³）
一	室内干燥环境；无侵蚀性静水浸没环境	0.60	C20	0.30	不限制
二 a	室内潮湿环境；非严寒和非寒冷地区的露天环境；非严寒和非寒冷地区与无侵蚀性的水或土壤直接接触的环境；严寒和寒冷地区的冰冻线以下与无侵蚀性的水或土壤直接接触的环境	0.55	C25	0.20	3.0
二 b	干湿交替环境；水位频繁变动环境；严寒和寒冷地区的露天环境；严寒和寒冷地区冰冻线以上与无侵蚀性的水或土壤直接接触的环境	0.50(0.55)	C30(C25)	0.15	
三 a	严寒和寒冷地区冬季水位变动区环境；受除冰盐影响环境；海风环境	0.45(0.50)	C35(C30)	0.15	
三 b	盐渍土环境；受除冰盐作用环境；海岸环境	0.40	C40	0.10	

水泥净浆与骨料之间的对比关系，用 1m³ 混凝土的用水量来表示。因此，水胶比、砂率、单位用水量就称为混凝土配合比设计的三个参数。确定混凝土配合比三个参数的原则，如图 5-1 所示。

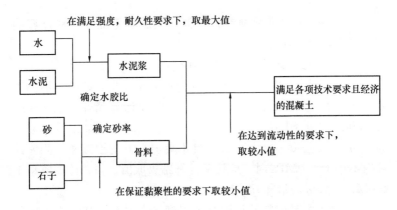

图 5-1　确定混凝土配合比三个参数原则示意图

（二）混凝土配合比计算

混凝土配合比的计算，是按国家现行的行业标准《普通混凝土配合比设计规程》进行的。如下所示：

1. 确定混凝土的配制强度

为了使所配制的混凝土在工程使用时其强度标准值具有不小于 95% 的强度保证率，配合比设计时的混凝土配制强度应高于设计要求的强度标准值。混凝土配制强度按下式计算：

$$f_{cu,0} \geqslant f_{cu,k} + 1.645\sigma （混凝土设计强度等级 < C60）\quad(5-1)$$

$$f_{cu,0} \geqslant 1.15 f_{cu,k} （混凝土设计强度等级 \geqslant C60）\quad(5-2)$$

式中　　$f_{cu,0}$——混凝土配制强度（MPa）。

$f_{cu,k}$——混凝土立方体抗压强度标准值（MPa）。

σ——混凝土强度标准差（MPa）。

（1）遇到下列情况时应提高混凝土配制强度中的"大于"条件：

1）现场条件与试验室条件有显著差异时。

2）C30 级及其以上强度等级的混凝土采用非统计方法评定时。

（2）混凝土强度标准差宜根据同类混凝土统计资料计算确定，并应符合下列规定：

1）计算时，强度试件组数不应小于 25 组。

2）对于强度等级不大于 C30 的混凝土：当 σ 计算值不小于 3.0MPa 时，应按照计算结果取值；当 σ 计算值小于 3.0MPa 时，σ 应取 3.0MPa。

3）对于强度等级大于 C30 且不大于 C60 的混凝土：当 σ 计算值不小于 4.0MPa 时，应按照计算结果取值；当 σ 计算值小于 4.0MPa 时，σ 应取 4.0MPa。

4）当无统计资料计算混凝土强度标准差时，其值应按现行国家标准的规定取用，见表 5-2。

σ 取值表   表 5-2

混凝土强度等级	≤C15	C25~C45	C50~C55
σ（N/mm²）	4	5	6

（3）对预拌混凝土厂和预制混凝土构件厂，其统计周期可取为 1 个月；对现场拌制混凝土的施工单位，其统计周期可根据实际情况确定，但不宜超过 3 个月。

2. 确定水胶比

（1）根据混凝土配制强度和耐久性要求可按下式计算相应的水胶比：

$$W/C = m_w/m_c = \alpha f_{ce}/(f_{cu,0} + \alpha_a \alpha_b f_{ce}) \qquad (5\text{-}3)$$

式中 α_a、α_b——回归系数。

f_{ce}——水泥 28d 抗压强度实测值（MPa）。

（2）当无水泥 28d 抗压强度实测值时，f_{ce} 值可按下式确定：

$$f_{ce} = \gamma_c f_{ce,g} \qquad (5\text{-}4)$$

式中 γ_c——水泥强度等级值的富余系数，可按实际统计资料确定。

$f_{ce,g}$——水泥强度等级值（MPa）。

（3）回归系数 α_a 和 α_b 宜按下列规定确定。

1）回归系数 α_a 和 α_b 应根据工程所使用的水泥、骨料，通过试验由建立的水胶比与混凝土强度关系式确定。

2）当不具备试验统计资料时，回归系数可按表 5-3 采用。

回归系数 α_a、α_b 选用表 　　表 5-3

系　数 　　石子品种	碎　石	卵　石
α_a	0.53	0.49
α_b	0.2	0.13

3. 用水量的确定

每立方米混凝土用水量的确定与成型工艺有关。常规成型工艺的干硬性混凝土或塑性混凝土用水量与粗骨料的品种、粒径及施工要求的混凝土拌合物稠度有关。水胶比在 0.4～0.8 范围时，见表 5-4 和表 5-5。表中用水量系采用中砂时的平均取值。采用细砂时，每立方米混凝土用水量可增加 5～10kg；采用粗砂时可减少 5～10kg。掺用各种外加剂或掺合料时，用水量应相应调整。

干硬性混凝土的用水量（kg/m^3） 　　表 5-4

拌合物稠度		卵石最大粒径（mm）			碎石最大粒径（mm）		
项目	指标	10	20	40	16	20	40
维勃稠度 （s）	16～20	175	160	145	180	170	155
	11～15	180	165	150	185	175	160
	5～10	185	170	155	190	180	165

塑性混凝土的用水量（kg/m^3） 　　表 5-5

拌合物稠度		卵石最大粒径（mm）				碎石最大粒径（mm）			
项目	指标	10	20	31.5	40	16	20	31.5	40
坍落度 （mm）	10～30	190	170	160	150	200	185	175	165
	35～50	200	180	170	160	210	195	185	175
	55～70	210	190	180	170	220	205	195	185
	75～90	215	195	185	175	230	215	205	195

（1）水胶比小于 0.40 的混凝土以及采用特殊成型工艺（如碾压混凝土等）的混凝土用水量应通过试验确定。

（2）不掺外加剂的流动性和大流动性混凝土的用水量以表 5-5 中坍落度 90mm 的用水量为基础，按坍落度每增大 20mm 时用水量增加 5kg 计算。掺外加剂的混凝土用水量可按下式计算：

$$m_{wa} = m_{w0}(2 - \beta) \tag{5-5}$$

式中　m_{wa}——掺外加剂的混凝土每立方米混凝土的用水量（kg）。

m_{w0}——不掺外加剂的混凝土每立方米混凝土的用水量（kg）。

β——外加剂的减水率。

4. 确定水泥用量

根据用水量和水胶比，便可计算 $1m^3$ 混凝土水泥用量 m_c 为：

$$m_c = (m_c/m_w)m_w \tag{5-6}$$

为保证混凝土的耐久性和一定的密实度，采用的水胶比应根据设计要求或满足表 5-1 中最大水胶比的要求。如不能满足时，则应采用表中规定的数值，此时在不影响操作的情况下，用水量可不减，增加水泥用量，但配置普通混凝土的水泥用量不应大于 $550kg/m^3$。

5. 确定砂率

砂率是指砂的重量占砂、石总重量的百分率。砂率可根据本单位对所用材料的使用经验确定，如无使用经验，可按骨料品种、规格及混凝土的水胶比参照表 5-6 选用。

砂率参照表（％） 表 5-6

水胶比	卵石最大粒径（mm）			碎石最大粒径（mm）		
m_w/m_c	15	20	40	10	20	40
0.4	30～35	29～34	27～32	26～32	25～31	24～30
0.5	33～38	32～37	30～35	30～35	29～34	28～33
0.6	36～41	35～40	33～38	33～38	32～37	31～36
0.7	39～44	38～43	36～41	36～41	35～40	34～39

当缺乏砂率的历史资料可参考时，混凝土砂率的确定应符合下列规定：

（1）坍落度小于 10mm 的混凝土，其砂率应经试验确定（干硬性混凝土）。

（2）坍落度为 10～60mm 的混凝土，其砂率可根据粗骨料品种、最大公称粒径及水胶比按规范要求选取。

（3）坍落度大于 60mm 的混凝土，其砂率可经试验确定，也可在规范要求的基础上，按坍落度每增大 20mm、砂率增大 1% 的幅度予以调整。

6. 确定粗、细骨料用量

（1）重量法

重量法是假定混凝土拌合物的表观密度等于各组成材料的重量（质量）和。按以下两式计算：

$$m_{c0} + m_{g0} + m_{s0} + m_{w0} = m_{cp} \qquad (5\text{-}7)$$

$$\beta_s = m_{s0}/(m_{g0} + m_{s0}) \times 100\% \qquad (5\text{-}8)$$

式中 m_{c0}——每立方米混凝土的水泥用量（kg）。

m_{g0}——每立方米混凝土的粗骨料用量（kg）。

m_{s0}——每立方米混凝土的细骨料用量（kg）。

m_{w0}——每立方米混凝土的用水量（kg）。

β_s——砂率（%）。

m_{cp}——1m³ 混凝土拌合物的假定重量（kg），其值可取 2350～2450kg。

联立求解即可解得混凝土各组成材料的用量。

（2）体积法

体积法是假定 1m³ 混凝土的体积应等于各组成材料的绝对体积之和，按以下两式计算：

$$m_{c0}/\rho_c + m_{g0}/\rho_g + m_{s0}/\rho_s + m_{w0}/\rho_w + 0.01\alpha = 1 \qquad (5\text{-}9)$$

$$\beta_s = m_{s0}/(m_{g0} + m_{s0}) \times 100\% \qquad (5\text{-}10)$$

式中 ρ_c——水泥密度（kg/m³），可取 2900～3100kg/m³。

ρ_g——粗骨料的表观密度（kg/m³）。

ρ_s——细骨料的表观密度（kg/m³）。

ρ_w——水的密度（kg/m³），可取 1000kg/m³。

α——混凝土的含气量百分数，在不使用引气型外加剂时，α 可取为 1。

联立求解可解得混凝土各组成材料的用量及混凝土的配合比。

7. 提供试配的配合比

只要把水泥用量除以各种材料的量，就得出水泥为 1 的比值，即计算的理论配合比。

（1）试配

混凝土试配时应采用工程中实际使用的原材料。混凝土的搅拌方法，宜与生产时使用的方法相同。按工程提供的原材料，初步计算配合比，称取材料进行试拌。试拌时每盘混凝土的最小搅拌量应符合表 5-7 的规定。若采用机械搅拌时，搅拌量不应小于搅拌机额定搅拌量的 1/4。将混凝土拌合物搅拌均匀后测定坍落度，并检查其黏聚性和保水性能的好坏。如果坍落度不能满足要求，或黏聚性和保水性不良时，应在保持水胶比不变的条件下相应调整用水量或砂率。当坍落度低于设计要求，可保持水胶比不变，增加适量水泥浆。如坍落度过大，可在保持砂率不变条件下增加骨料，如出现含砂不足，黏聚性和保水性不良时，可适当增大砂率，反之应减少砂率。每次调整后再试拌，直到符合要求为止。然后应提出供混凝土强度试验用的基准配合比。

混凝土试配用最小搅拌量　　　　　　　　表 5-7

骨料最大粒径（mm）	拌合物数量（L）
≤31.5	15
40	25

（2）调整与确定

经过和易性调整后得到的基准配合比，其水胶比不一定选得恰当，即混凝土的强度不一定符合要求，所以还应检验混凝土的强度。一般应采用三个不同的配合比，其中一个为基准配合比，另外两个配合比的水胶比值，应对基准配合比分别增加及减少0.05，这两个配合比的用水量与基准配合比相同，但砂率可分别增加或减少1%。当不同水胶比的混凝土拌合物坍落度与要求值相差超过允许偏差时，可以增、减用水量进行调整。每个配合比应至少制作一组（三块）试件，标准养护28d试压。在制作混凝土强度试块时，尚需检验混凝土拌合物的和易性及表观密度，并以此结果作为代表这一配合比的混凝土拌合物的性能。通过试验，在三个配合比汇总选出既满足强度要求、和易性要求，并且水泥用量最少的配合比作为试验室配合比；也可以绘制出三个配合比的水胶比与强度曲线，求出试配强度（$f_{cu,0}$）所对应的灰水比，再计算出试验室配合比。这样初步定出混凝土所需的配合比，其值为：

用水量（m_w）——取基准配合比中的用水量，并根据制作强度试件时测得的坍落度值或维勃稠度加以适当调整。

水泥用量（m_c）——以用水量乘以经试验选定出来的灰水比计算确定。

粗骨料用量（m_g）和细骨料用量（m_s）——取基准配合比中的粗骨料和细骨料用量，按选定灰水比进行适当调整后确定。

根据计算出的混凝土各项组成材料用量求出混凝土拌合物的表观密度（$\rho_{c,c}$）：

$$\rho_{c,c} = m_w + m_c + m_g + m_s \tag{5-11}$$

再计算混凝土配合比校正系数 δ：

$$\delta = \rho_{c,t} / \rho_{c,c} \tag{5-12}$$

式中　$\rho_{c,t}$——混凝土表观密度实测值（kg/m³）。

　　　$\rho_{c,c}$——混凝土表观密度计算值（kg/m³）。

当混凝土表观密度实测值与计算值之差的绝对值不超过计算值的2%时，则该配合比应确定为设计配合比；当二者之差超过2%时，将配合比中每项材料用量均乘以校正系数值δ，即为确定的混凝土设计配合比。

（3）施工配合比的确定试验室配合比是以干燥材料为基准的，而实际工程中使用的材料如砂、石都含有一定水分，并且经常变化，所以应该按现场材料的实际含水情况对配合比进行修正。修正后的配合比才可供工程使用。现假定工地存放砂的含水率为$a\%$，石子的含水率为$b\%$，将试验室配合比换算成为施工配合比，其材料称量为：

$$m_c' = m_c \tag{5-13}$$

$$m_s' = m_s(1 + a\%) \tag{5-14}$$

$$m_g' = m_g(1 + b\%) \tag{5-15}$$

$$m_w' = m_w - m_s \times a\% - m_g \times b\% \tag{5-16}$$

（三）混凝土配合比试配、调整与确定

1. 混凝土配合比的试配

（1）材料要求

进行混凝土配合比试配时所用的各种原材料应采用工程中实际使用的原材料。

（2）搅拌方法与拌合物数量

试配混凝土的搅拌方法宜于生产时使用的方法相同。混凝土配合比试配时，每盘混凝土的最小搅拌量应符合表5-7规定；当采用机械搅拌时，其搅拌量不应小于搅拌机额定搅拌量的1/4。

（3）调整方法

按计算的配合比进行试配时，首先应进行试拌以检查拌合物的性能。当试拌得出的拌合物坍落度或维勃稠度不能满足要求，或黏聚性和保水性不好时，应在保证水胶比不变的条件下相应调整用水量或砂率，直到符合要求为止。然后提出供混凝土强度试验用的基准配合比。国内外常用的砂率和用水量调整见表5-8。

改变情况	砂率增减（%）	用水量增减（L/m^3）
水胶比每增加 0.05，用水量保持不变	+1	0
砂的细度模数每增加 0.1	+0.5	0
坍落度每增加 10mm	…	+（3～4）
砂用量每增加 1%（含砂率）	…	+2
含气量每增加 1%（引气剂）	−（0.5～1）	−（5～6）
碎石	+（3～5）	+10
人造石	+（2～3）	+（6～9）

（4）试块的制作与检验

混凝土强度试验时至少应采用三个不同的配合比制作混凝土强度试验试件。在试拌确定的基准配合比的基础上，另外两个配合比的水胶比，宜较基准配合比分别增加和减少 0.05；用水量应与基准配合比相同，砂率可分别增加和减少 1%。在制作混凝土强度试验试件时，应检验混凝土拌合物的坍落度或维勃稠度、黏聚性、保水性及拌合物的表观密度，并以此结果作为代表相应配合比的混凝土拌合物的性能。进行混凝土强度试验时，每种配合比至少应制作一组（三块）试件，标准养护到 28d 时试压。需要时可同时制作几组试件，供快速检验或较早龄期试压，以便提前定出混凝土配合比供施工使用。

2. 施工配合比的确定

根据本单位常用的材料，可设计出常用的混凝土配合比备用，在使用过程中，应根据原材料情况及混凝土质量检验的结果予以调整。但遇有下列情况之一时，应重新进行配合比设计。

（1）对混凝土性能指标有特殊要求时。

（2）水泥、外加剂或砂物掺合料品种、质量有显著变化时。

（3）该配合比的混凝土生产间断半年以上时。

（四）掺矿物掺合料混凝土配合比设计

掺矿物掺合料混凝土的设计强度等级、强度保证率、标准差及离差系数等指标应与基准混凝土相同，配合比设计以基准混凝土配合比为基础，按等稠度、等强度的等级原则等效置换，并应符合《普通混凝土配合比设计规程》JGJ 55—2011 的规定。其设计步骤如下。

（1）根据设计要求，按照《普通混凝土配合比设计规程》进行基准配合比设计。

（2）可按表 5-9 选择矿物掺合料的取代水泥百分率（β_c）。

（3）按所选用的取代水泥百分率（β_c），求出每立方米矿物掺合料混凝土的水泥用量（m_c）：

$$m_c = m_{c0}(1 - \beta_c) \tag{5-17}$$

式中　β_c——取代水泥百分率（%）。

m_{c0}——每立方米基准混凝土中的水泥用量（kg/m³）。

m_c——每立方米矿物掺合料混凝土中的水泥用量（kg/m³）。

取代水泥百分率（β_c）　　　　　　　　表 5-9

矿物掺合料种类	水胶比或强度等级	取代水泥百分率（β_c）		
		硅酸盐水泥	普通硅酸盐水泥	矿渣硅酸盐水泥
粉煤灰	≤0.4	≤40	≤35	≤30
	>0.4	≤30	≤25	≤20
粒化高炉矿渣粉	≤0.4	≤70	≤55	≤35
	>0.4	≤50	≤40	≤30
沸石粉	≤0.4	10～15	10～15	5～10
	>0.4	15～20	15～20	10～15
硅灰	C50 以上	≤10	≤10	≤10
复合掺合料	≤0.4	≤70	≤60	≤50
	>0.4	≤55	≤50	≤40

注：高钙粉煤灰用于结构混凝土时，根据水泥品种不同，其掺量不宜超过以下限制：矿渣硅酸盐水泥不大于 15%；普通硅酸盐水泥不大于 20%；硅酸盐水泥不大于 30%。

（4）按表 5-10 选择矿物掺合料超量系数（δ_c）；

超量系数（δ_c） 　　　　表 5-10

矿物掺合料种类	规格或级别	超量系数
粉煤灰	Ⅰ	1.0～1.4
	Ⅱ	1.2～1.7
	Ⅲ	1.5～2.0
粒化高炉矿渣粉	S105	0.95
	S95	1.0～1.15
	S75	1.0～1.25
沸石粉		1.0
复合掺合料	S105	0.95
	S95	1.0～1.15
	S75	1.0～1.25

（5）按超量系数（δ_c）求出每立方米混凝土的矿物掺合料混凝土的矿物掺合料用量（m_f）：

$$m_f = \delta_c(m_{c0} - m_c) \qquad (5\text{-}18)$$

式中　m_f——每立方米混凝土中的矿物掺合料用量（kg/m³）。

　　　δ_c——超量系数。

（6）计算每立方米矿物掺合料混凝土中水泥、矿物掺合料和细骨料的绝对体积，求出矿物掺合料超出水泥的体积。

（7）按矿物掺合料超出水泥的体积，扣除同体积的细骨料用量。

（8）矿物掺合料混凝土的用水量，按基准混凝土配合用水量取用。

（9）根据计算的矿物掺合料混凝土配合比，通过试拌，保证设计的工作性的基础上，进行混凝土配合比的调整，符合要求。

（10）外加剂的掺量应按取代前基准水泥的百分比计。

（11）矿物掺合料混凝土的水胶比及水泥用量、胶凝材料用量应符合表 5-11 的要求。

最小水泥用量、胶凝材料用量和最大水胶比　　表 5-11

矿物掺合料种类	用　　途	最小水泥用量（kg/m³）	最小凝胶材料用量（kg/m³）	最大水胶比
粒化高炉矿渣粉	有冻害、潮湿环境中结构	200	300	0.5
	上部结构	200	300	0.55
	地下、水下结构	150	300	0.55
	大体积混凝土	110	270	0.6
	无筋混凝土	100	250	0.7

注：掺粉煤灰、沸石粉和硅灰的混凝土应符合《普通混凝土配合比设计规程》JGJ 55—2011 中的规定。

六、普通混凝土施工

普通混凝土施工包括混凝土的配料与拌制、运输、浇筑捣实和养护等。各个施工过程既相互联系又相互影响，任一施工过程处理不当都会影响混凝土的最终质量。因此，在混凝土施工过程中必须严格控制每一施工环节，以确保混凝土的施工质量。

（一）混凝土的搅拌

混凝土一般由水泥、骨料、水和外加剂，还有各种矿物掺合料组成。将各种组分材料按已经确定的配合比进行拌制生产。混凝土搅拌是混凝土施工技术中的重要环节，对混凝土的质量将产生重要影响，切不可等闲视之。搅拌混凝土的每个环节都不可大意，首先应根据配合比设计要求选好原材料，并进行严格的计量。所用计量器具必须定期送检，搅拌站（或搅拌楼）安装好后必须经政府有关部门进行计量认证。搅拌过程中，对各种材料的数量要控制在允许偏差范围内。搅拌时要注意投料次序，控制最小搅拌时间。卸料后要控制混凝土的出机温度与坍落度，并检查和易性与均匀性，这样才能保证拌制出优质混凝土。

1. 搅拌要求

搅拌混凝土前，加水空转数分钟，将积水倒净，使拌筒充分润湿。搅拌第一盘时，考虑到筒壁上的砂浆损失，石子用量应按配合比规定减半。搅拌好的混凝土要做到基本卸尽。在全部混凝土卸出之前不得再投入拌合料，更不得采取边出料边进料的方法。严格控制水胶比和坍落度，未经试验人员同意不得随意加减用水量。

2. 材料配合比

严格掌握混凝土材料配合比。在搅拌机旁挂牌公布，便于检查。

混凝土原材料按重量计的允许偏差，不得超过下列规定：

（1）水泥、外加掺合料±2%。

（2）粗细骨料±3%。

（3）水、外加剂溶液±2%。

各种衡器应定时校验，并经常保持准确。骨料含水率应经常测定。雨天施工时，应增加测定次数。

3. 搅拌时间的确定与控制

（1）搅拌时间的确定

从原料全部投入搅拌机筒时起，至混凝土拌合料开始卸出时止，所经历的时间称作搅拌时间。通过充分搅拌，应使混凝土的各种组成材料混合均匀，颜色一致；高强度等级混凝土、干硬性混凝土更应严格执行。搅拌时间随搅拌机的类型及混凝土拌合料和易性的不同而异。在生产中，应根据混凝土拌合料要求的均匀性、混凝土强度增长的效果及生产效率几种因素，规定合适的搅拌时间。但混凝土搅拌的最短时间，应符合表 6-1 规定。

混凝土搅拌的最短时间（s）　　　表 6-1

混凝土坍落度（mm）	搅拌机类型	搅拌机容量搅拌（L）		
		<250	250～500	>500
≤30	自落式	90	120	150
	强制式	60	90	120
>30	自落式	90	90	120
	强制式	60	60	90

（2）混凝土搅拌时间控制

1）混凝土搅拌的最短时间系指自全部材料装入搅拌筒中起，到开始卸料止的时间。

2）当掺有外加剂时，搅拌时间应适当延长。在拌合掺有掺合料（如粉煤灰等）的混凝土时，宜先以部分水、水泥及掺合料在机内拌合后，再加入砂、石及剩余水，并适当延长拌合时间。

3）全轻混凝土宜采用强制式搅拌机搅拌，砂轻混凝土可采用自落式搅拌机搅拌，但搅拌时间应延长 60～90 s。

4）采用强制式搅拌机搅拌轻骨料混凝土的加料顺序是：当轻骨料在搅拌前预湿时，先加粗、细骨料和水泥搅拌 30s，再加水继续搅拌；当轻骨料在搅拌前未预湿时，先加 1/2 的总用水量和粗、细骨料搅拌 60s，再加水泥和剩余用水量继续搅拌。

5）当采用其他形式的搅拌设备时，搅拌的最短时间应按设备说明书的规定或经试验确定。

6）混凝土的搅拌时间，每一工作班至少抽查两次。

7）混凝土搅拌完毕后应在搅拌地点和浇筑地点分别取样检测坍落度，每一工作班不应少于两次，评定时应以浇筑地点的测值为准。

4. 原材料重量的计量

（1）在混凝土每一工作班正式称量前，应先检查原材料质量，必须使用合格材料；各种衡器应定期校核，每次使用前进行零点校核，保持计量准确。

（2）施工中应测定骨料的含水率，当雨天施工含水率有显著变化时，应增加测定系数，依据测试结果及时调整配合比中的用水量和骨料用量。

（3）混凝土原材料每盘称量的偏差不得超过表 6-2 中的允许偏差的规定。

原材料每盘称量的允许偏差   表 6-2

材料名称	允许偏差
水泥、掺合料	±2%
粗、细骨料	±3%
水、外加剂	±2%

注：1. 各种衡器应定期校验，每次使用前应进行零点校核，保证计量准确。

  2. 当遇雨天或含水率有显著变化时，应增加含水率检测次数，并及时调整水和骨料的用量。

为了保证称量准确，水泥、砂、石子、掺合料等于料的配合比，应采用重量法计量，严禁采用容积法；水的计量是在搅拌机上配置的水箱或定量水表上按体积计量；外加剂中的粉剂可按比例稀释为溶液，按用水量加入，也可将粉剂按比例与水泥拌匀，按水泥计量。施工现场要经常测定施工用的砂、石料的含水率，将实验室中的混凝土配合比换算成施工配合比，然后进行配料。

5. 搅拌要点

搅拌装料顺序为石子—水泥—砂。每盘装料数量不得超过搅拌筒标准容量的 10%。在每次用搅拌机拌合第一罐混凝土前，应先开动搅拌机空车运转，运转正常后，再加料搅拌。拌第一罐混凝土时，宜按配合比多加入 10% 的水泥、水、细骨料的用量；或减少 10% 的粗骨料用量，使多余的砂浆布满鼓筒内壁及搅拌叶片，防止第一罐混凝土拌合物中的砂浆偏少。在每次用搅拌机开拌之始，应注意监视与检测开拌初始的前二、三罐混凝土拌合物的和易性。如不符合要求时，应立即分析情况并处理，直至拌合物的和易性符合要求，方可持续生产。当开始按新的配合比进行拌制或原材料有变化时，亦应注意开拌鉴定与检测工作。使用外加剂时，应注意检查核对外加剂品名、生产厂名、牌号等。使用时一般宜先将外加剂制成外加剂溶液，并预加入拌用水中，当采用粉状外加剂时，也可采用定量小包装外加剂另加载体的掺用方式。当用外加剂溶液时，应经常检查外加剂溶液的浓度，并应经常搅拌外加剂溶液，使溶液浓度均匀一致，防止沉淀。溶液中的水量，应包括在拌合用水量内。

混凝土用量不大，而又缺乏机械设备时，可用人工拌制。拌制一般应用铁板或包有镀锌薄钢板的木制拌板上进行操作，如用木制拌板时，宜将表面刨光，镶拼严密，使不漏浆。拌合要先干拌均匀，再按规定用水量随加水随湿拌至颜色一致，达到石子与水泥浆无分离现象为准。当水胶比不变时，人工拌制要比机械搅拌多耗 10%～15% 的水泥。

6. 拌合物性能要求

混凝土拌合物的质量指标包括稠度、含气量、水胶比、水泥含量及均匀性等。各种混凝土拌合物应检验其稠度。检测结果应符合表 6-3 规定。

混凝土稠度的分级及其允许偏差值　　　　表 6-3

稠度分类	级别名称	级别符号	测值范围	允许偏差
坍落度 （mm）	低塑性混凝土	T_1	10~40	±10
	塑性混凝土	T_2	50~90	±20
	流动性混凝土	T_3	100~500	±30
	大流动性混凝土	T_4	≥160	±30
维勃稠度（s）	超干硬性混凝土	V_0	≥31	±6
	特干硬性混凝土	V_1	30~21	±6
	干硬性混凝土	V_2	20~11	±4
	半干硬性混凝土	V_3	10~5	±3

掺引气型外加剂的混凝土拌合物应检验其含气量。一般情况下，根据混凝土所用粗骨料的最大粒径，其含气量的检测指标不宜超过表 6-4 的规定。

混凝土的含气量最大限值　　　　表 6-4

粗骨料最大颗粒（mm）	混凝土含气量最大限制（%）
10	7.0
15	6.0
20	5.5
25	5
0	4.5
50	4
80	3.5
150	3

有时根据需要检验混凝土拌合物的水胶比和水泥含量。实测的水胶比和水泥含量应符合配合比设计要求。混凝土拌合物应满

足拌合均匀，颜色一致，不得有离析、泌水现象等要求。其检测结果应符合表 6-5 要求。

混凝土拌合物均匀性指标　　　　　　　表 6-5

检查项目	指标
混凝土中砂浆密度测值的相对误差	≤0.8%
单位体积混凝土中粗骨料含量测值的相对误差	≤5%

7. 特殊季节混凝土拌制

冬期施工时，投入混凝土搅拌机中各种原材料的温度往往不同，要通过搅拌，使混凝土内温度均匀一致。因此，搅拌时间应比规定时间延长 50%。投入混凝土搅拌机中的骨料不得带有冰屑、雪团及冻块。否则，会影响混凝土中用水量的准确性和破坏水泥石与骨料之间的粘结。当水需加热时，还会消耗大量热能，降低混凝土的温度。当需加热原材料以提高混凝土的温度时，应优先采用将水加热的方法。因为水的加热简便，且水的热容量大，其比热容约为砂、石的 4.5 倍，故将水加热是最经济、最有效的方法。只有当加热水达不到所需的温度要求时，才可依次对砂、石进行加热。水泥不得直接加热，使用前宜事先运入暖棚内存放。水可在锅中或锅炉中加热，或直接通入蒸汽加热。骨料可用热炕、铁板、通汽蛇形管或直接通入蒸汽等方法加热。水及骨料的加热温度应根据混凝土搅拌后的最终温度要求，通过热工计算确定，其加热最高温度不得超过表 6-6 的规定。

拌合水及骨料加热最高温度　　　　　　表 6-6

项目	拌合水（℃）	骨料（℃）
强度等级<52.5 的普通硅酸盐水泥、矿渣硅酸盐水泥	80	60
强度等级≥52.5 的普通硅酸盐水泥、硅酸盐水泥	60	40

当骨料不加热时，水可加热到 100℃。但搅拌时，为防止水泥"假凝"，水泥不得与 80℃以上的水直接接触。因此，投料时，应先投入骨料和已加热的水，稍加搅拌后，再投入水泥。采

用蒸汽加热时，蒸汽与冷的混凝土材料接触后放出热量，本身凝结为水。混凝土要求升高的温度越高，凝结水也越多。该部分水应该作为混凝土搅拌用水量的一部分来考虑。雨期施工期间要勘测粗细骨料的含水量，随时调整用水量和粗细骨料的用量。夏期施工时砂石材料尽可能加以遮盖，至少在使用前不受烈日暴晒，必要时可采用冷水淋洒，使其蒸发散热。冬期施工要防止砂石材料表面冻结，并应清除冰块。

8. 泵送混凝土的拌制

泵送混凝土宜采用混凝土搅拌站供应的预拌混凝土，也可在现场设置搅拌站，供应泵送混凝土；但不得采用手工搅拌的混凝土进行泵送。泵送混凝土的交货检验，应在交货地点，按国家现行《预拌混凝土》GB/T 14902—2012 的有关规定，进行交货检验；现场拌制的泵送混凝土供料检验，宜按国家现行标准《预拌混凝土》的有关规定执行。在寒冷地区冬期拌制泵送混凝土时，除应满足《混凝土泵送施工技术规程》JGJ/T 10—2011 的规定外，尚应制定冬期施工措施。

9. 混凝土搅拌质量要求

在搅拌工序中，拌制的混凝土拌合物的均匀性应按要求进行检查。在检查混凝土均匀性时，应在搅拌机卸料过程中，从卸料流出的 1/4～3/4 之间部位采取试样。检测结果应符合下列规定：

（1）混凝土中砂浆密度，两次测值的相对误差不应大于 0.8%。

（2）单位体积混凝土中粗骨料含量，两次测值的相对误差不应大于 5%。

混凝土搅拌的最短时间应符合相关的规定，混凝土的搅拌时间，每一工作班至少应抽查两次。混凝土搅拌完毕后，应按下列要求检测混凝土拌合物的各项性能。

1）混凝土拌合物的稠度，应在搅拌地点和浇筑地点分别取样检测。每工作班不应少于 1 次。评定时应以浇筑地点的为准。在检测坍落度时，还应观察混凝土拌合物的黏聚性和保水性，全面评定拌合物的和易性。

2）根据需要，如果应检查混凝土拌合物的其他质量指标时，检测结果也应符合各自的要求，如含气量、水胶比和水泥含量等。

（二）混凝土的运输

在混凝土输送工序中，应控制混凝土运至浇筑地点后，不离析、不分层、组成成分不发生变化，并能保证施工所必需的稠度。运送混凝土的容积和管道，应不吸水、不漏浆，并保证卸料及输送通畅。容器和管道在冬、夏时期都要有保温或隔热措施。

1. 输送时间

混凝土应以最少的转载次数和最短的时间，从搅拌地点运至浇筑地点。混凝土从搅拌机中卸出后到浇筑完毕的延续时间应符合表 6-7 的要求。

混凝土从搅拌机中卸出后到浇筑完毕的延续时间　　表 6-7

气温	延续时间（min）			
	采用搅拌车		其他运输设备	
	≤C30	>C30	≤C30	>C30
≤25℃	120	90	90	75
>25℃	90	60	60	45

注：掺有外加剂或采用快硬水泥时延续时间应通过试验确定。

2. 输送要求

运输过程中，应保持混凝土的均匀性，避免产生分层离析现象，混凝土运至浇筑地点，应符合浇筑时所规定的坍落度（表6-8）；运输工作应保证混凝土的浇筑工作连续进行；运送混凝土的容器应严密，其内壁应平整光洁，不吸水，不漏浆，粘附的混凝土残渣应经常清除。

混凝土浇筑时的坍落度 表 6-8

结构种类	坍落度（mm）
基础或地面等的垫层、无配筋的厚大结构（挡土墙、基础或厚大的块体等）或配筋稀疏的结构	10～30
板、梁和大型及中型截面的柱子等	30～50
配筋密列的结构（薄壁、斗仓、筒仓、细柱等）	50～70
配筋特密的结构	70～90

注：1. 本表系指采用机械振捣的坍落度，采用人工捣实时可适当增大。

2. 需要配制大坍落度混凝土时，应掺用外加剂。

3. 曲面或斜面结构的混凝土，其坍落度值，应根据实际需要另行选定。

4. 轻骨料混凝土的坍落度，宜比表中数值减少 10～20mm。

5. 自密实混凝土的坍落度另行规定。

3. 运输工具的选择

混凝土的运输可分为地面水平运输、垂直运输和楼面水平运输三种方式。

（1）地面水平运输。当采用商品混凝土或距离较远时，最好采用混凝土搅拌运输车。该车在运输过程中搅拌筒可缓慢转动进行拌合，防止了混凝土的离析。当距离过远时，可事先装入干料，在到达浇筑现场前 15～20min 放入搅拌水，边行走边进行搅拌。如现场搅拌混凝土，可采用载重 1t 左右、容量为 400L 的小型机动翻斗车或手推车运输。运距较远、运量又较大时可采用皮带运输机或窄轨翻斗车。

（2）垂直运输。可采用塔式起重机、混凝土泵、快速提升斗和井架。

（3）混凝土楼面水平运输。多采用双轮手推车，塔式起重机亦可兼顾楼面水平运输，如用混凝土泵则可采用布料杆布料。

4. 输送道路

（1）场内输送道路应尽量平坦，以减少运输时的振荡，避免造成混凝土分层离析。

（2）还应考虑布置环形回路，施工高峰时宜设专人管理指挥，以免车辆互相拥挤阻塞。

（3）临时架设的桥道要牢固，桥板接头必须平顺。

（4）浇筑基础时，可采用单向输送主道和单向输送支道的布置方式。

（5）浇筑柱子时，可采用来回输送主道和盲肠支道的布置方式。

（6）浇筑楼板时，可采用来回输送主道和单向输送支管道结合的布置方式。

（7）对于大型混凝土工程，还必须加强现场指挥和调度。

5. 输送质量要求

（1）混凝土运送至浇筑地点，如混凝土拌合物出现离析或分层现象，应对混凝土拌合物进行二次搅拌。

（2）混凝土运至浇筑地点时，应检测其稠度，所测稠度值应符合设计和施工要求。其允许偏差值应符合有关标准的规定。

（3）混凝土拌合物运至浇筑地点时的温度，最高不宜超过35℃，最低不宜低于5℃。

（三）混凝土的浇筑和振捣

浇筑混凝土前，对模板及其支架、钢筋和预埋件必须进行检查，并做好记录，符合设计要求后，清理模板内的杂物及钢筋上的油污，堵严缝隙和孔洞，方能浇筑混凝土。

1. 浇筑施工准备

（1）制定施工方案

根据工程对象、结构特点，结合具体条件，制定混凝土浇筑的施工方案。

（2）机具准备及检查

搅拌机、运输车、料斗、串筒、振动器等机具设备按需要准备充足，并考虑发生故障时的修理时间。重要工程，应有备用的搅拌机和振动器。特别是采用泵送混凝土，一定要有备用泵。所用的机具均应在浇筑前进行检查和试运转，同时配有专职技工，随时检修。浇筑前，必须核实一次浇筑完毕或浇筑至某施工缝前的工程材料，以免停工待料。

（3）保证水电及原材料的供应

在混凝土浇筑期间，要保证水、电、照明不中断。为了防备临时停水停电，事先应在浇筑地点贮备一定数量的原材料（如砂、石、水泥、水等）和人工拌合捣固用的工具，以防出现意外的施工停歇缝。

（4）掌握天气季节变化情况

加强气象预测预报的联系工作。在混凝土施工阶段应掌握天气的变化情况，特别在雷雨台风季节和寒流突然袭击之际，更应注意，以保证混凝土连续浇筑的顺利进行，确保混凝土质量。根据工程需要和季节施工特点，应准备好在浇筑过程中所必需的抽水设备和防雨、防暑、防寒等物资。

（5）检查模板、支架、钢筋和预埋件

在浇筑混凝土之前，应检查和控制模板、钢筋、保护层和预埋件等的尺寸、规格、数量和位置，其偏差值应符合现行国家标准《混凝土结构工程施工质量验收规范》GB 50204—2015 的规定。此外，还应检查模板支撑的稳定性以及模板接缝的密合情况。模板和隐蔽工程项目应分别进行预检和隐蔽验收。符合要求时，方可进行浇筑。检查时应注意以下几点：

1）模板的标高、位置与构件的截面尺寸是否与设计符合；构件的预留拱度是否正确。

2）所安装的支架是否稳定；支柱的支撑和模板的固定是否可靠。

3）模板的紧密程度。

4）钢筋与预埋件的规格、数量、安装位置及构件接点连接焊缝，是否与设计符合。

5）模板内的垃圾、木片、刨花、锯屑、泥土和钢筋上的油污、鳞落的铁锈等杂物，应清除干净。

6）木模板应浇水加以润湿，但不允许留有积水。湿润后，木模板中尚未胀密的缝隙应贴严，以防漏浆。

7）金属模板中的缝隙和孔洞也应予以封闭。

8）检查安全设施、劳动配备是否妥当，能否满足浇筑速度的要求。

9）在地基或基土上浇筑混凝土，应清除淤泥和杂物，并应有排水和防水措施。

10）对干燥的非黏性土，应用水湿润；对未风化的岩石，应用水清洗，但其表面不得留有积水。

2. 浇筑厚度及间歇时间

（1）浇筑层厚度

混凝土浇筑层的厚度，应符合表 6-9 中的规定。

混凝土浇筑层厚度（mm）　　　　　　　　表 6-9

捣实混凝土的方法		浇筑层的厚度
插入式振捣		振动器作用部分长度的 1.25 倍
表面振动		200
人工捣固	在基础、无筋混凝土或配筋稀疏的结构中	250
	在梁、墙板、柱结构中	200
	在配筋密列的结构中	150
轻骨料混凝土	插入式振捣	300
	表面振动（振动时必须加荷载）	200

（2）浇筑间歇时间

一般情况下混凝土运输、浇筑及间歇的全部时间不得超过表 6-10 的规定，当超过时应留置施工缝。在浇筑与柱和墙连成整体的梁和板时，应在柱和墙浇筑完毕后停歇 1~1.5h，然后再继续浇筑；梁和板宜同时浇筑混凝土；拱和高度大于 1m 的梁等结构，可单独浇筑混凝土。在混凝土浇筑过程中，应经常观察模板、支架、钢筋、预埋件和预留孔洞的情况，当发现有变形、移位时，应及时采取措施进行处理。

混凝土运输、浇筑和间歇的时间（min）　　　表 6-10

混凝土强度等级	气　温	
	≤25℃	>25℃
≤C30	210	180
>C30	180	150

3. 混凝土浇筑要点

（1）在浇筑工序中，应控制混凝土的均匀性和密实性。混凝土拌合物运至浇筑地点后，应立即浇筑入模。在浇筑过程中，如发现混凝土拌合物的均匀性和稠度发生较大的变化，应及时处理。

（2）浇筑混凝土时，应注意防止混凝土的分层离析。混凝土由料斗、漏斗内卸出进行浇筑时，其自由倾落高度一般不宜超过 2m，在竖向结构中浇筑混凝土的高度不得超过 3m，否则应采用串筒、斜槽、溜管等下料。

（3）在浇筑竖向结构混凝土前，应先在底部填以 50～100mm 厚与混凝土内砂浆成分相同的水泥砂浆；浇筑中不得发生离析现象；当浇筑高度超过 3m 时，应采用串筒、溜管或振动溜管使混凝土下落。

（4）钢筋混凝土框架结构中，梁、板、柱等构件是沿垂直方向重复出现的，所以一般按结构层次来分层施工。平面上，如果面积较大，还应考虑分段进行，以使混凝土、钢筋、模板等工序能相互配合、流水进行。

（5）在每一施工层中，应先浇灌柱或墙。在每一施工段中的柱或墙应该连续浇灌到顶，每一排的柱子由外向内对称顺序进行，防止由一端向另一端推进，致使柱子模板逐渐受推倾斜。柱子浇筑完毕后，应停歇 1～2h 使混凝土获得初步沉实，待有了一定强度以后，再浇筑梁板混凝土。梁和板应同时浇筑混凝土，只有当梁高 1m 以上时，为了施工方便，才可以单独先行浇筑。

（6）浇筑混凝土应连续进行。当必须间歇时，其间歇时间宜缩短，并应在前层混凝土凝结之前，将次层混凝土浇筑完毕。

（7）混凝土在浇筑及静置过程中，应采取措施防止产生裂缝。混凝土因沉降及干缩产生的非结构性的表面裂缝，应在混凝土终凝前予以修整。在浇筑与柱和墙连成整体的梁和板时，应在柱和墙浇筑完毕后停歇1～1.5h，使混凝土获得初步沉实后，再继续浇筑，以防止接缝处出现裂缝。

（8）梁和板应同时浇筑混凝土。较大尺寸的梁（梁的高度大于1m）、拱和类似的结构，可单独浇筑。但施工缝的设置应符合有关规定。

4. 混凝土的振捣

（1）每一振点的振捣延续时间，应使混凝土表面呈现浮浆和不再沉落为宜。

（2）当采用插入式振动器时，捣实普通混凝土的移动间距，不宜大于振动器作用半径的1.5倍，如图6-1。捣实轻骨料混凝土的移动间距，不宜大于其作用半径；振动器与模板的距离，不应小于其作用半径的0.5倍，并应避免碰撞钢筋、模板、预埋件等；振动器插入下层混凝土内的深度应不小于50mm。一般每点振捣时间为20～30s，使用高频振动器时，最短不应少于10s，应使混凝

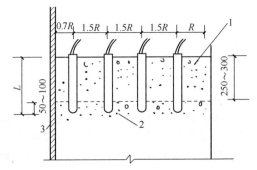

图 6-1　插入式振动器的插入深度

1—新浇筑的混凝土；2—下层已振捣但尚未

初凝的混凝土；3—模板

172

土表面成水平不再显著下沉，不再出现气泡，表面泛出灰浆为准。振动器插点要均匀排列，可采用"行列式"或"交错式"（图 6-2）的次序移动，不应混用，以免造成混乱而发生漏振。

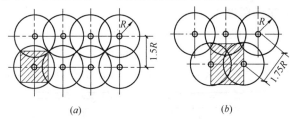

图 6-2　振捣点的布置

（a）行列式；（b）交错式

注：R—振动棒约有效作用半径

（3）采用表面振动器时，在每一位置上应连续振动一定时间，正常情况下在 25～40s，但以混凝土面均匀出现浆液为准，移动时应成排依次振动前进，前后位置和排与排间相互搭接应有 30～50mm，防止漏振。振动倾斜混凝土表面时，应由低处逐渐向高处移动，以保证混凝土振实。表面振动器的有效作用深度，在无筋及单筋平板中为 200mm，在双筋平板中约为 120mm。

（4）采用外部振动器时，振动时间和有效作用随结构形状、模板坚固程度、混凝土坍落度及振动器功率大小等各项因素而定。一般每隔 1～1.5m 的距离设置一个振动器。当混凝土成一水平面不再出现气泡时，可停止振动。必要时应通过试验确定振动时间。待混凝土入模后方可开动振动器。混凝土浇筑高度要高于振动器安装部位。当钢筋较密和构件断面较深较窄时，亦可采取边浇筑边振动的方法。外部振动器的振动作用深度在 250mm 左右，如构件尺寸较厚时，需在构件两侧安设振动器同时进行振捣。

（四）施工缝设置

工程实践中由于施工技术和施工组织上的原因，不能连续将结构整体浇筑完成，并且间歇的时间预计将超出表 6-10 规定的时间时，应预先选定适当的部位设置施工缝。施工缝的位置应设置在结构受剪力较小且便于施工的部位。

1. 施工缝留设

（1）柱。柱的施工缝留在基础的顶面、梁或吊车梁牛腿的下面，或吊车梁的上面、无梁楼板柱帽的下面（图 6-3）；在框架结构中如梁的负筋弯入柱内，则施工缝可留在这些钢筋的下端。

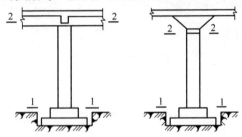

图 6-3　柱的施工缝位置
注：1—1、2—2 施工缝位置

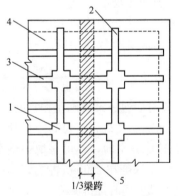

图 6-4　有主、次梁肋形楼板
施工缝留置

1—柱；2—主梁；3—次梁；4—楼板；
5—按此方向浇筑混凝土，
可留施工缝范围

（2）梁板、肋形楼板

1）与板连成整体的大截面梁，留在板底面以下 20～30mm 处；当板下有梁托时，留在梁托下部。单向板可留置在平行于板的短边的任何位置（但为方便施工缝的处理，一般在跨中 1/3 跨度范围内）。

2）有主、次梁的肋形楼板，宜顺着次梁方向浇筑，施工缝底留置在次梁跨度中间 1/3 范围内与之相交叉的部位。

（3）墙。墙施工缝宜留置在门洞口过梁跨中 1/3 范围内，也可留在纵横墙的交接处。

（4）楼梯、圈梁

1）楼梯施工缝留设在楼梯段跨中 1/3 跨度范围内无负弯矩筋的部位。

2）圈梁施工缝留在非砖墙交接处、墙角、墙垛及门窗洞范围内。

（5）箱形基础。箱形基础的底板、顶板与外墙的水平施工缝应设在底板顶面以上及顶板底面以下 300～500mm 为宜，接缝宜设钢板、橡胶止水带或凸形企口缝；底板与内墙的施工缝可设在底板与内墙交接处；而顶板与内墙的施工缝，位置应视剪力墙插筋的长短而定，一般 1000mm 以内即可；箱形基础外墙垂直施工可设在离转角 1000mm 处，采取相对称的两块墙体一次浇筑施工，间隔 5～7d，待收缩基本稳定后，再浇另一相对称墙体。内隔墙可在内墙与外墙交接处留施工缝，一次浇筑完成，内墙本身一般不再留垂直施工缝，如图 6-5 所示。

（6）地坑、水池。底板与立壁施工缝，可留在立壁上距基础底板混凝土面上部 200～500mm 的范围内，转角宜做成圆角或折线形；顶板与立壁施工缝留在板下部 20～30mm 处，如图 6-6（a）所示；大型水池可从底板、池壁到顶板在中部留设后浇带，使之形成环状，如图 6-6（b）所示。

（7）地下室、地沟

1）地下室梁板与基础连接处，外墙底板以上和上部梁、板下部 20～30mm 处可留水平施工缝，如图 6-7（a）所示，大型地下室可在中部留环状后浇缝。

2）较深基础悬出的地沟，可在基础与地沟、楼梯间交接处留垂直施工缝，如图 6-7（b）所示；很深的薄壁槽坑，可每 4～5m 留设一道水平施工缝。

（8）大型设备基础

1）受动力作用的设备基础互不相依的设备与机组之间、输送辊道与主基础之间可留垂直施工缝，但与地脚螺栓中心线

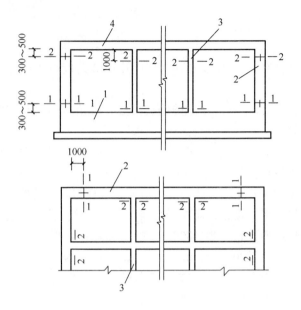

图 6-5　箱形基础施工缝的留置

1—底板；2—外墙；3—内隔墙；4—顶板；

1—1、2—2 施工缝位置

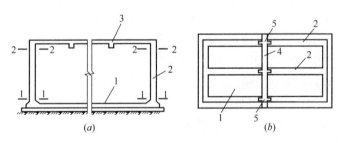

(a)　　　　　　　　　(b)

图 6-6　地坑、水池施工缝的留置

（a）水平施工缝留置；（b）后浇带留置（平面）

1—底板；2—墙壁；3—顶板；4—底板后浇带；5—墙壁后浇带；

1—1、2—2—施工缝位置

间的距离不得小于 250mm，且不得小于螺栓直径的 5 倍，如图 6-8（a）所示。

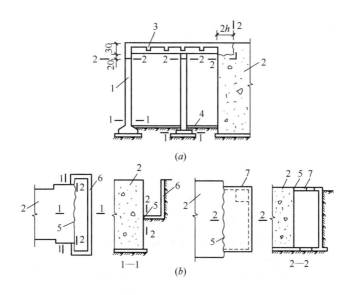

图 6-7 地下室、地沟、楼梯间施工缝的留置

1—地下室墙；2—设备基础；3—地下室梁板；4—底板或地坪；
5—施工缝；6—地沟；7—楼梯间；1—1、2—2—施工缝位置

2）水平施工缝可留在低于地脚螺栓底端，其与地脚螺栓底端的距离应大于 150mm；当地脚螺栓直径小于 30mm 时，水平施工缝可留置在不小于地脚螺栓埋入混凝土部分总长度的 3/4 处，如图 6-8（b）；水平施工缝亦可留置在基础底板与上部，地体或沟槽交界处，如图 6-8（c）。

3）对受动力作用的重型设备基础不允许留施工缝时，可在主基础与辅助设备基础、沟道、辊道之间，受力较小部位留设后浇缝，如图 6-9 所示。

2. 施工缝的处理

（1）所有水平施工缝应保持水平，并做成毛面，垂直缝处应支模浇筑；施工缝处的钢筋均应留出，不得切断。为防止在混凝土或钢筋混凝土内产生沿构件纵轴线方向错动的剪力，柱、梁施工缝的表面应垂直于构件的轴线；板的施工缝应与其表面垂直；

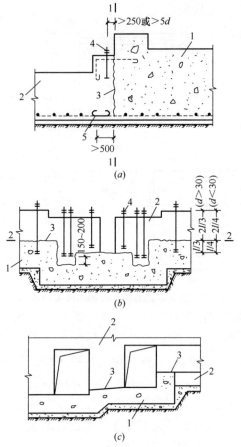

图 6-8　设备基础施工缝的留置

（a）两台机组之间适当地方留置施工缝；（b）基础分两次浇
筑施工缝留置；（c）基础底板与上部地体、沟槽施工缝留置

1—第一次浇筑混凝土；2—第二次浇筑混凝土；3—施工缝；

4—地脚螺栓；5—钢筋；d—地脚螺栓直径；l—地脚螺栓埋

入混凝土的长度

梁、板亦可留企口缝，但企口缝不得留斜槎。

（2）在施工缝处继续浇筑混凝土时，已浇筑的混凝土抗压强
度应为 $1.2N/mm^2$；首先应清除硬化的混凝土表面上的水泥薄膜

和松动石子以及软混凝土层，并加以充分湿润和冲洗干净，不积水；然后在施工缝处铺一层水泥浆或与混凝土内成分相同的水泥砂浆；浇筑混凝土时，应细致捣实，使新旧混凝土紧密结合。

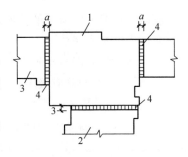

图 6-9　后浇缝的留置
1—主体基础；2—辅助基础；
3—沟道；4—后浇缝

（3）承受动力作用的设备基础施工缝，在水平施工缝上继续浇筑混凝土前，应对地脚螺栓进行一次观测校准；标高不同的两个水平施工缝，其高低结合处应留成台阶形，台阶的高宽比不得大于 1.0；垂直施工缝应加插钢筋，其直径为 12～16mm，长度为 500～600mm，间距为 500mm，在台阶式施工缝的垂直面上也应补插钢筋；施工缝的混凝土表面应凿毛，在继续浇筑混凝土前，应用水冲洗干净，湿润后在表面上抹 10～15mm 厚与混凝土内成分相同的一层水泥砂浆，继续浇筑混凝土时该处应仔细捣实。

（4）后浇缝宜做成平直缝或阶梯缝，钢筋不切断。后浇缝应在其两侧混凝土龄期达 30～40d 后，将接缝处混凝土凿毛、洗净、湿润、刷水泥浆一层，再用强度不低于两侧混凝土的补偿收缩混凝土浇筑密实，并养护 14d 以上。

3. 后浇带设置

（1）设置后浇带的作用

1）预防超长梁、板（宽）混凝土在凝结过程中的收缩应力对混凝土产生收缩裂缝。

2）减少结构施工初期地基不均沉降对强度还未完成增长的混凝土结构的破坏。

（2）后浇带的位置是由设计确定的，后浇带处梁板的钢筋加强应按设计要求，后浇带的位置和宽度应严格按施工图要求留设。

（3）后浇带混凝土的浇筑时间，是在 1 个月以后，或主体施工完成后。这时，混凝土的强度增长和收缩已基本完成，地基的压缩变形也已基本完成。

（4）后浇带处混凝土施工的基本要求

1）后浇带处两侧应接施工缝处理。

2）应采用补偿收缩性混凝（如 UEA 混凝土，UEA 的掺量应按设计要求），后浇带处的混凝土应分层精心振捣密实。如在地下室施工中，底板和外侧墙体的混凝土中，应按设计在后浇带的两侧加强防水处理。

（五）现浇结构混凝土浇筑

1. 混凝土基础的浇筑

基础按构造形式不同，分为条形基础、杯形基础、桩基础、独立基础、筏式基础及箱形基础等。基础混凝土的浇筑施工一般连续浇筑完成，不允许留置施工缝。因此，在浇筑前必须做好准备工作，保证浇筑工作的顺利进行。

（1）条形基础浇筑

条形基础的混凝土施工，分支模浇筑和原槽浇筑两种方法，如图 6-10 所示。以原槽浇筑居多。但对于土质较差，不支模难以满足基础外形和尺寸的，应采用支模浇筑。

图 6-10　条形基础

(a) 支模浇筑；*(b)* 原槽浇筑

1）浇筑准备

①原槽浇筑的条形基础在浇筑前，经测试后，在两侧土壁上交错打入水平桩。桩面高度为基础顶面的设计标高。水平桩一般用长约 10cm 的竹杆制成，水平桩的间距为 3m 左右，水平桩外

露 2～3cm。如采用支模浇筑，其浇筑高度则以模板上口高度或高度线为准。

②浇筑前，应将基础底表面的浮土、木屑等杂物清除干净。对于无垫层的基底表面凸凹不平部分，应修整铲平。较干燥的非黏性土地基土，在浇筑前应适量洒水润湿。对设置有混凝土垫层的，垫层表面应用清水清扫干净，排除积水。

③基础中设置有钢筋网片的，应按规定加垫好混凝土保护层垫块。对因搬运、踩踏等原因造成钢筋网片变形的，应按其间距重新调整，绑扎牢固。

④模板因拼接不严密所造成的缝隙，应及时用水泥袋纸堵塞。模板支撑应合理、牢固，并且不影响浇筑。木模板在浇筑前应浇水润湿。

⑤做好通道、拌料铁盘的设置，施工水的排除等其他准备工作。

2) 混凝土浇筑

①浇筑时，应从基槽最远一端开始，逐渐缩短混凝土的运输距离。

②条形基础灌筑时，应根据基础高度分段、分层连续浇筑，一般不留施工缝。分层厚度除满足规定外，还需根据基础高度确定。每段的浇灌长度宜控制在 3m 左右，但四个角不宜作为分段处。段与段、层与层之间的结合应在混凝土初凝之前完成。做到逐段、逐层呈阶梯形向前推进。每层混凝土应待一次浇筑完，集中振捣后再进行第二层的浇筑和振捣。

③基础浇筑前和浇筑过程中，应随时检查基槽土有无坍塌危险。对于加设支护垂直开挖的基槽，应检查支护的牢固程度。在浇筑过程中，不得随意将支护拆除，以避免造成塌方。

④设置有钢筋网片的条形基础，钢筋网片必须按规定垫好保护层垫块。不允许在浇筑过程中边浇筑、边提拉钢筋，以保证钢筋的平直。

⑤基槽深度大于 2m 的，为防止混凝土离析，必须用溜槽下

料。投料时仍采用先边角、后中间的方法，以保证混凝土的浇筑质量。

⑥基础上留有插筋的，应保证其位置的正确性。对预埋管道或预留孔洞，应将其固定好。浇筑应对称下料，对称振捣，避免偏移或上浮。

3）混凝土的振捣。条形基础的振捣宜选用插入式振动器，插点布置以"交错式"为宜。掌握好"快插慢拔"的操作要领，并控制好每个插点的振捣时间，一般以混凝土表面泛浆，无气泡为准。同时应注意分段、分层结合处，基础四角及纵横基础交接处的振捣，以保证混凝土的密实。

4）基础表面的修整。混凝土分段浇筑完毕后，应随即用重大铲将混凝土表面拍平、压实。也可用铁锹背反复搓平，坑凹处用混凝土补平。

5）混凝土的养护。基础混凝土终凝后，在常温下其外露部分用已润湿的草袋、草帘覆盖，并适时浇水养护。其养护时间，一般不少于 7 昼夜。

（2）杯形基础浇筑

杯形基础正要用于装配式房屋预制柱下基础，以钢筋混凝土单层工业厂房的柱下基础使用较多。根据设计，分为单杯口基础、双杯口基础、锥式杯形和高杯口基础四种形式，如图 6-11 所示。这几种杯形基础的浇筑方法基本相同，应根据施工方案，从搅拌台开始，由远而近，逐条轴线，逐个柱基础进行浇筑。

1）浇筑准备

①浇筑前，必须对模板安装的几何尺寸、标高、轴线位置进行复查。

②检查模板及支撑的牢固程度，如需加固时必须在浇筑前进行。避免在浇筑过程中，模板产生变形、移位。模板拼接时的缝隙应用水泥袋纸或纸筋灰填塞，较大缝隙应用木板加以塞，防止浇筑时漏浆，影响混凝土的浇筑质量。

③基础底部钢筋网片的规格、间距应与设计要求一致，绑

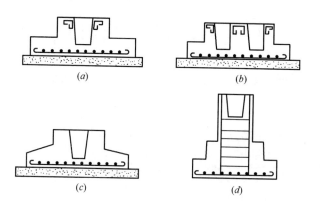

图 6-11 杯形基础

(a) 单杯口基础；(b) 双杯口基础；(c) 锥式杯形基础；(d) 高杯口基础

扎应牢固。钢筋网片下的保护层垫块应铺垫正确，一般有垫层的钢筋保护层厚度为 35mm，无垫层的保护层厚度为 70mm。

④ 清除模板内的木屑、泥土等杂物，混凝土垫层表面要干净，不留积水。木模板应浇水充分湿润。

⑤ 基础周围做好排水准备工作，防止施工水、雨水流入基坑或冲刷新浇筑的混凝土。

2）混凝土的浇筑

① 对深度在 2m 内的基坑，可在基坑上部铺设脚手板并放置铁皮拌盘，将运输来的混凝土料先卸在拌盘上，用铁铲向模板内浇筑混凝土，铁铲下料时，应采用"带浆法"操作，使混凝土中的水泥浆能充满模板。

② 对于深度大于 2m 的基坑，应采用串筒或溜槽下料，以避免混凝土产生离析现象。

③ 基础混凝土浇捣应一次连续完成，不允许留施工缝。下料时应由边角开始向中间浇筑混凝土。分层混凝土厚度一般为 250～300mm，并应凑合在基础截面变化部位，如图 6-12 所示。每层混凝土要一次卸足，用拉耙和铁铲配合拉平，待该层混凝土振捣完毕后，再进行第二层混凝土的浇筑。

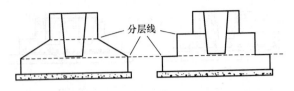

图 6-12　基础混凝土分层

④ 混凝土的浇筑施工中必须保证模板位置的正确性，尽量减少混凝土的自由降落高度，以减少对模板的冲击变形和移位。混凝土的自由降落高度一般不宜大于 2m。

3) 混凝土的振捣

①混凝土振捣应用插入式振动器，每一插点振捣时间一般为 20～30s，以混凝土表面泛浆后无气泡为准。对边角处不易振捣密实的地方，可人工插钎配合捣实。插点布置宜为行列式。当浇筑到斜坡时，为减少或避免下阶混凝土落入基坑，四周 20cm 范围内可不必摊铺，振捣时如有不足可随时补加。

②上下台阶混凝土分层浇筑时，上层混凝土的插入式振动器应进入下层混凝土的深度不少于 50mm。外露台阶面混凝土应预留 20～30mm 的高度，以防上一阶混凝土在浇筑时造成下一阶过高。

③为确保杯形基础杯底标高的正确，宜先将杯芯底部的混凝土先捣实，然后再浇筑杯芯模板四周以外的混凝土。浇捣时，振动时间尽可能缩短，还应两侧对称浇筑，以免杯口模板挤歪。

④为确保杯芯模板下混凝土的密实性，防止杯底混凝土出现空洞，应预先在杯芯底模上钻几个排气孔，如图 6-13 所示，浇筑时便于空气及时排出，避免出现凹坑。排气孔直径一般为 1～2cm。即便有了排气孔，当混凝土浇至该部位时，仍需用敲击法，根据声音判定虚实，若仍有空洞，需将底板凿开，从上面向里面补填混凝土，捣实后再将其封严。

⑤ 杯口部分混凝土浇筑时，若投料和振捣不从两对边同时进行，容易导致杯芯模板被挤向一边，造成位移，因此两对应边应同时投料，对称振捣。同时投料不宜过厚。杯口部分的振捣时

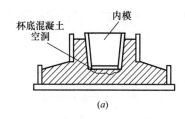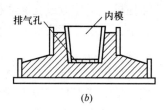

图 6-13 杯芯底模板设置排气孔示意图

(*a*) 内模无排气孔；(*b*) 内膜有排气孔

间不宜过长，宜控制在 20s 左右。

4）基础表面的修整。杯形基础浇筑完毕和拆除模板后，应尽早对混凝土表面进行修整，使其符合设计尺寸。

① 对于锥式杯形基础，铲填工作由低处向高处进行，铲高填低。对于低洼和不足模板尺寸部分应补加混凝土填平、拍实。斜坡部分用直尺检查其外形是否准确，坡面不平处应加以修整。

② 基础表面压光时先用大铲将凸起的石料拍平，拍一段压光一段，随拍随抹。对于局部因砂浆不足无法抹光的，应随时补浆收光。锥式基础的斜坡面的收光，应从高处向低处进行。

③ 对于挤入杯芯模板内多余的混凝土或使杯芯模上浮所增加的那一部分混凝土，待混凝土初凝后，终凝前，杯芯模板拆除后应及时清理铲除、修整，使之满足设计标高要求。

④ 对拆除模板后的混凝土部分，对其外观出现的蜂窝、麻面、孔洞、露筋和露石等缺陷，应按修补方案及时进行修补压光。

5）混凝土的养护。混凝土基础采用自然养护，将草帘、草袋等覆盖物预先用水浸湿，覆盖在基础混凝土的表面，每隔一段时间浇水一次，保证混凝土表面一直处于湿润状态，浇水养护时间应不少于 7 昼夜。浇水要适当，不能让基础浸泡在水中。

（3）现浇桩基础施工

混凝土现浇桩是直接在施工现场桩位上成孔，然后安放钢筋笼，浇筑混凝土成桩。按成孔方法分为：沉管灌注桩、泥浆护壁成孔灌注桩、干作业成孔灌注柱、人工挖孔桩、爆扩成孔灌注桩等。其中人工挖孔灌注桩（以下简称人工挖孔桩）应用较广，其施工流程如下：

人工挖掘方法进行成孔→安装钢筋笼→浇筑混凝土。

挖孔桩的特点具有以下特点：设备简单，施工现场较干净；噪声小，振动小，无挤土现象；施工速度快，可按施工进度要求确定同时开挖桩孔的数量，必要时，各桩孔可同时施工；土层情况明确，可直接观察到地质变化情况，桩底沉渣清除干净；施工质量可靠；桩径不受限制，承载力大；与其他桩相比较经济，但挖孔桩施工，工人在井下作业，劳动条件差，施工中应特别重视流沙、流泥、有害气体等的影响，要严格按操作规程施工，制定可靠的安全措施。

下面以现浇混凝土分段护壁为例说明人工挖孔桩的施工工艺：

1）按设计图纸放线、定桩位。

2）开挖土方。采取分段开挖，每段高度取决于土壁保持直立状态的能力，一般 0.5～1m 为一个施工段，开挖范围为设计桩芯直径加护壁的厚度。

3）支设护壁模板。模板高度取决于开挖土方施工段的高度，一般为 1m，由 4～8 块活动钢模板（或木模板）组合而成。

4）在模板顶放置操作平台。平台可用角钢和钢板制成半圆形，两个合起来即为一个整圆，用来临时放置混凝土和浇筑混凝土用。

5）浇筑护壁混凝土。护壁混凝土要注意捣实，因它起着防止土壁塌陷与防水的双重作用。第一节护壁厚宜增加 100～150mm，上下节护壁用钢筋拉结。在安装好台形模板后，将混凝土倒在台形模板上，用人工方法将混凝土赶入模板，用振动器振捣密实。

6）拆除模板继续下一段的施工。当护壁混凝土达到 1.2MPa，常温下约 24h 后方可拆除模板，开挖下一段的土方，再支模浇筑护壁混凝土，如此循环，直至挖到设计要求的深度。

7）安放钢筋笼。绑扎好钢筋笼后整体安放。

8）浇筑桩身混凝土。当桩孔内渗水量不大时，抽除孔内积水后，用串筒法浇筑混凝土，分层振捣密实。如果桩孔内渗水量过大，积水过多不便排干，则应用导管法浇筑水下混凝土。

9）挖孔桩在开挖过程中，需专门制定安全措施。如施工人员进入孔内必须戴安全帽；孔内有人时，孔上必须有人监督防护；护壁要高出地面150～200mm，挖出的土方不得堆在孔四周1.2m范围内，以防滚入孔内；孔周围要设置0.8m高的安全防护栏杆；每孔要设置安全绳及安全软梯；孔下照明要用安全电压；使用潜水泵，必须有防漏电装置；桩孔开挖深度超过10m时，应设置鼓风机，专门向井下输送洁净空气，风量不少于25L/s等。

（4）大体积基础施工

大体积基础包括大型设备基础、大面积满堂基础、大型构筑物基础等。大体积混凝土尺寸很大，整体性要求很高，混凝土必须连续浇筑，不留施工缝。必须采取措施解决水化热及随之引起的体积变形问题，以尽可能减少开裂。因此，除应分层浇筑、分层捣实外，还必须保证上下层混凝土在初凝前结合好。在浇筑前应认真做好施工方案，确保基础的浇筑质量。

1）混凝土浇筑准备要点

① 混凝土灌注时，除用吊车等起重机械直接向基础模板内下料外，凡自高处自由倾落高度超过2m时，须采用串筒、溜槽下料，以保证混凝土不致发生离析现象。

② 串筒的布置应适应浇筑面积、浇筑速度和混凝土摊平的能力。串筒间距一般不应大于3m，其布置形式可为交错式或行列式，一般以交错式为宜，这样有利于混凝土的摊平。

③ 每个串筒卸料点，成堆的混凝土应用插入式振动器，增加流动性而迅速摊平，插入的速度应小于混凝土的流动速度。

2）混凝土的浇筑要点 大体积混凝土浇筑方案应根据整体连

续浇筑的要求，结合结构物的大小、钢筋疏密、混凝土供应条件（垂直与水平运输能力）等具体情况，选择以下三种方式：

① 全面分层，如图 6-14（a）。在整个结构物内，采取全面分层浇筑混凝土，做到第一层全面浇筑完毕后，开始浇筑第二层时，已施工的第一层混凝土还未初凝，如此逐层进行，直至浇筑完成。这种方案适用于结构的平面尺寸不太大的工程，施工时宜从短边开始，沿长边推进；也可分为两段，从中间向两端或从两端向中间同时进行。

② 分段分层，如图 6-14（b）。适用于厚度不太大而面积或长度较大的工程，施工时混凝土先从底层开始浇筑，进行至一定距离后浇筑第二层，如此依次向前浇筑其他各层。

③ 斜面分层，如图图 6-14（c）。适用于结构的长度超过厚度的 3 倍的工程。振捣工作应从浇筑层的下端开始，逐渐上移，此时向前推进的浇筑混凝土摊铺坡度应小于 1：3，以保证分层混凝土之间的施工质量。

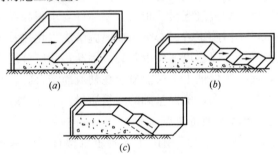

图 6-14　大体积基础施工方案

（a）全面分层；（b）分段分层；（c）斜面分层

3）混凝土振捣要点

对于普通混凝土振捣可采用分层振捣，其操作要点同条形基础。对于泵送混凝土可将分层振捣的方式，改为在斜坡的头、尾部进行振捣，使上下两层有钢筋网处的混凝土得以密实，如图 6-15。另外，在侧模的边缘，还可辅以竹竿插振，以有效防止这部分混凝土出现漏振现象。

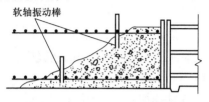

图 6-15　钢筋网处理混凝土振捣方法

4）表面处理

大体积泵送混凝土，表面水泥浆比较厚，在混凝土浇筑后要认真处理。一般可在初凝前 1～2h，先用长刮尺按标高刮平；在初凝前再用铁滚筒碾压数遍，以闭合收缩裂缝，约 12～14h 后，才可覆盖湿草袋等养护。

5）混凝土养护

大体积基础宜采用自然养护，但应根据气候条件采取温度控制措施。并按需要测定浇筑后的混凝土表面和内部温度，使温度控制在设计要求的温差以内；当设计无要求时，温差不宜超过 25℃。

2. 混凝土柱的浇筑

（1）浇筑前的准备

混凝土柱浇筑前应检查模板位置尺寸是否正确，支撑是否牢固，钢筋绑扎是否到位，板缝是否严密，预留洞口有无遗漏。同时检查混凝土原材料、配合比是否齐全等，并应重点检以下几项内容。

1）混凝土浇筑前，坍落度检查必须满足表 6-8 的要求。如发现不符合要求，应及时调整施工配合比。

2）检查模板配置和安装是否符合要求，支撑是否牢固；检查模板的轴线位置、垂直度、标高、拱度的正确性；检查模板上的浇筑口、振捣口是否正确，施工缝是否按要求留设等。

3）模板的清理及接缝的处理

① 混凝土浇筑前应打开清扫口，把残留在柱、墙底的泥砂、

浮石、木屑、废弃绑扎丝等杂物清理干净。用清水冲洗干净，并不得留下积水。

② 对木模还应浇水润湿，模板的接缝仍较大时应用水泥袋或纸筋灰填实，特别是模板的四大角的接缝应严密。

③ 钢模板内侧应涂刷隔离剂。

④ 柱模底宜先铺一层 5～10cm 厚与混凝土成分相同的水泥砂浆，然后再浇筑混凝土。

（2）混凝土浇筑

1）当柱高不超过 3m，柱断面大于 40cm×40cm，且又无交叉箍筋时，混凝土可由柱模顶部直接倒入。当柱高超过 3m 时，必须分段灌筑，但每段的灌筑高度不得超过 3m。

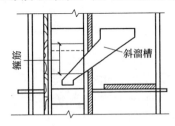

图 6-16　从门子洞处浇筑混凝土

2）凡柱断面在 40cm×40cm 以内或有交叉箍筋的任何断面的混凝土柱，均应在柱模侧面的门子洞口上装置斜溜槽分段浇筑混凝土，如图 6-16。每段高度不得大于 2m。如在门子洞处的箍筋碍事，可解开钢丝暂时往上移，待浇筑完毕封口时再恢复原位绑扎好，待门子洞封闭后，应再加一道卡箍将其卡牢。用斜溜槽下料时可将其轻轻晃动使下料速度加快。

3）浇筑一排柱子的顺序应从两端开始同时向中间推进，不可从一端开始向另一端推进。

4）当混凝土浇到柱顶时，最上面容易出现一层较厚的水泥砂浆，为此，可向砂浆中加入一定数量的同粒径的洁净石子，然后进行振捣。如果肋形楼板（或无梁楼板）与柱子不同时浇筑，则应在主梁底或柱帽下留置施工缝，如图 6-17。为此，石子应在混凝土未到达施工缝之前加入。

（3）混凝土振捣

1）当柱子浇满分层厚度后，即用插入式振动器从柱顶伸入

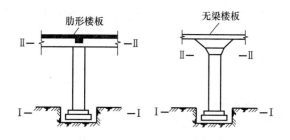

肋形楼板　　　　　　　　无梁楼板

图 6-17　柱的施工缝位置

注：Ⅰ—Ⅰ、Ⅱ—Ⅱ表示施工缝位置

进行振捣（为了操作方便，软轴长度宜比柱高长 0.5～1m），如果振动器软轴短于柱高时，应从柱模侧面门子洞插入，如图 6-18。

2）用插入式振动器伸入门子洞内振捣时，掌握振动器的人一手要伸入门子洞内，使该手以下的软管垂直，另一手握着后面软管尽量往上提并靠近模板，使软管在转折处不至于折成硬弯，待找到振捣部位后，由另外一人合闸开始振捣。

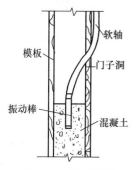

图 6-18　从门子洞伸入振捣

3）当振动器软轴的使用长度在 3m以上时，在振捣过程中软管容易左右摇摆碰撞钢筋，为此在振动棒插入混凝土前应先找到需要振捣的部位，再合闸振捣。当混凝土不再塌陷，全部见浆，从上往下看有亮光后，即将振动棒取出，并应立即拉闸，停止振动，然后慢慢地取出柱外。

4）当柱子的断面较小且配筋较为密集时，可将柱模一侧全部配成横向模板，从下至上，每浇筑一节就封闭一节模板，便于混凝土振捣密实。

（4）混凝土柱的养护和拆模

1）混凝土柱子在常温下，宜采用自然养护。由于柱子系垂直构件，断面小且高度大，外表进行覆盖较为困难，故常采用直接浇水养护的方法。对硅酸盐水泥、普通水泥和矿渣水泥拌制的混凝土，浇水日期不得少于7d。对其他品种的水泥制成的混凝土的养护日期，应根据水泥技术性质确定。若当日的平均气温低于5℃时，不得浇水。

2）柱模板应以后装先拆、先装后拆的顺序拆除。拆模时不可用力过急，以免造成柱边缺棱掉角，影响混凝土的外观质量。拆模时间，应以混凝土强度能保证其表面及棱角不因拆除模板而受损坏为宜。

（5）质量通病防治

1）柱底混凝土出现"烂根"

① 柱基表面不平，柱模底与基础表面缝隙过大，柱子底部混凝土振捣时发生严重漏浆，石多浆少，出现混凝土柱"烂根"。因此，除柱基表面应平整外，柱模安装时，柱模与基础表面的缝隙应用木片或水泥袋纸填堵，以防漏浆。

② 柱混凝土浇筑前，未在柱底模铺水泥砂浆结合层。混凝土下料时发生离析，造成柱底石子集中，振捣时缺少砂浆而出现混凝土"烂根"。故在柱混凝土浇筑前，必须在柱底预先铺设5～10cm厚的与混凝土成分相同的砂浆，并按正确方法卸料，可防止"烂根"现象的发生。

③ 分层浇筑时，一次卸料过多，堆积过厚，振动器的棒头未伸入到混凝土层的下部，造成漏振。因此，分层浇筑完毕后，应用木棒轻轻敲击模板，听声音观察混凝土柱底部是否振实。

④ 振捣时间过长，造成混凝土内石子下沉，水泥浆上浮，因此，必须掌握好每个插点的振捣时间，以避免因振捣时间过长使混凝土产生离析。

2）柱子边角严重露石

① 柱模板边角拼装时缝隙过大，混凝土振捣时跑浆严重，致使柱子边角严重露石。模板拼装时，边角的缝隙应用水泥袋纸或纸筋灰填塞、柱箍间距应缩小。同时在模板制作时宜采用阶梯

缝搭接，减少漏浆。

② 某一拌盘的配合比不当或下料时混凝土发生离析，石子集中于边角处，振捣时混凝土无法密实，造成严重露石（甚至露筋）。因此，浇筑时应严格控制每一盘的混凝土配合比，下料时采用串筒或斜溜槽，避免混凝土离析。

③ 插点位置未掌握好或振动器振捣力不足，以及振捣时间过短，也会造成边角露石。故振动器应预先找好振捣位置，再合闸振捣，同时掌握好振捣时间。

3）柱垂直度发生偏移

单根柱浇筑后其垂直度发生偏移的主要原因是混凝土在浇筑中对柱模产生侧压力，如果柱模某一面的斜撑支撑不牢固，发生下沉，就会造成柱垂直度发生偏移。因此，柱模在安装过程中，支撑一定要牢固可靠。

4）柱与梁连接处混凝土"脱颈"

浇筑柱、梁整体结构时，应在柱混凝土浇筑完毕后，停歇2h，使其获得初步沉实后，再继续浇筑梁混凝土。如果柱、梁混凝土连续浇筑，其连接处混凝土会产生"脱颈"的质量事故。为此，混凝土柱的施工缝应设置在基础表面和梁底下部 2～3cm 处。

（6）安全注意事项

1）浇筑柱混凝土时，应搭设满足浇筑混凝土用的脚手架并设置护栏；严禁操作人员站在模板或支撑上操作。

2）采用串筒下料时，串筒节间必须连接牢固并随时检查。

3）振动器必须有漏电保护装置，操作人员应佩戴劳动保护用品。

4）遇有强风、大雾等恶劣天气，应停止吊运操作。

3. 混凝土墙的浇筑

（1）浇筑前的准备

1）混凝土墙浇筑前，应做好抄平放线、模板处理、支模、钢筋绑扎、模板安装、外墙板安装（或砌外墙）等工序。

2）坍落度检查同柱混凝土。

3）模板及支撑应牢固，凡墙体高度超过 3m 的，须沿模板高度每 2m 开设门子洞，木模在浇筑前应浇水充分湿润。模板拼缝的缝隙应填塞。

（2）混凝土浇筑

1）墙体混凝土灌注时应遵循先边角后中部，先外部后内部的顺序，以保证外部墙体的垂直度。

2）高度在 3m 以内，且截面尺寸较大的外墙与隔墙，可从墙顶向模板内卸料。卸料时须安装料斗缓冲，以防混凝土离析。对于截面尺寸狭小且钢筋较密集的墙体，以及高度大于 3m 的任何截面墙体混凝土的灌注，均应沿墙高度每 2m 开设门子洞口、装上斜溜槽卸料。

3）灌注截面较狭且深的墙体混凝土时，为避免混凝土浇筑至一定高度后，由于积聚大量的浆水，而可能造成混凝土强度不匀的现象，宜在灌至适当高度时，适量减少混凝土用水量。

4）墙壁上有门、窗及工艺孔洞时，宜在门、窗及工艺孔洞两侧同时对称下料，以防将孔洞模板挤偏。

5）墙模灌注混凝土时，应先在模底铺一层厚度约 50～80mm 的与混凝土成分相同的水泥砂浆，再分层灌注混凝土，分层的厚度应符合设计的要求。

（3）混凝土的振捣

1）对于截面尺寸厚大的混凝土墙，可使用插入式振动器振捣。而一般钢筋较密集的墙体，可采用附着式振动器振捣。其振捣深度约为 25cm。当墙体截面尺寸较厚时，也可在两侧悬挂附着式振动器振捣。

2）使用插入式振动器，如遇门、窗洞口时，应两边同时对称振捣，避免将门、窗洞口挤偏。同时不得用振动器的棒头猛击预留孔洞、预埋件和闸盒等。

3）外墙角、墙垛、结构节点处因钢筋密集，可用带刀片的插入式振动器振捣，或用人工捣固配合在模板外面用木棒轻轻敲打的办法，保证混凝土的密实。

4）当顶板与墙体整体现浇时，顶板端头部分的墙体混凝土应单独浇筑，以保证墙体的整体性和抗震能力。

（4）混凝土的养护和拆模

1）墙体混凝土在常温下，宜采用喷水养护，养护时间在 3d 以上。

2）当混凝土强度达到 1MPa 以上时（以试块强度确定），即可拆模。如拆模过早，容易使混凝土下坠，产生裂缝和混凝土与模板表面的粘结。

（5）质量通病防治

1）墙体"烂根"距墙体底部高 10～20cm 范围内出现混凝土"烂根"的质量问题。

① 楼地表面不平整，使模板特别是定型模板与楼地面之间产生较大缝隙，造成混凝土漏浆严重，墙底部混凝土内石多浆少，出现"烂根"。因此，模板安装前，楼地表面须用水泥砂浆找平，模板与楼地面间的缝隙应填堵。

② 墙体混凝土浇筑前，未在模板底铺设水泥砂浆结合层，加上浇筑方法不当，使墙体底部混凝土内石多浆少，无法振捣密实。因此，在混凝土浇筑前，须先在墙体底面上铺设一层 50～80mm 厚与混凝土内成分相同的水泥砂浆，并使用正确方法浇筑混凝土。

③ 浇筑混凝土的方法不当，使混凝土产生严重离析，造成墙根石多浆少而无法振捣密实，出现"烂根"。因此，一般情况，下料高度不允许超过 3m。

2）在门（框）洞口处发生门框倾斜或变形。

① 混凝土浇筑时一边下料，或虽在门洞口两侧同时下料，但两侧下料高差过大，对门框产生测压力，使门框倾斜或变形。据此问题，下料时应坚持分层浇筑混凝土，门洞口两侧应同时下料，且下料高度应基本接近。

② 门框固定不牢固，致使在下料时将门框挤偏。因此，门

框安装时应与门洞口模板固定牢固。

3）模板拆除后，墙体表面出现麻面。

① 振捣时间不足，混凝土体积内空气未充分排出，造成模板与混凝土接触面有气泡，拆模后气泡消失出现麻面。因此，振捣时，应掌握好振捣时间，充分振捣，以混凝土表面泛浆无气泡为准。

② 隔离剂涂刷不当或漏刷，模板与混凝土发生粘结，脱模时将混凝土表面拉损而形成麻面。因此在模板安装时必须认真涂刷隔离剂。

③ 早强剂的影响。

（6）安全注意事项

1）在外墙边缘操作时，应检查护栏是否安全可靠，并不得站在模板或支撑上操作。

2）如采用吊斗运混凝土，在靠近下料位置时，应减慢速度，在非满铺平台条件下，防止在护身栏处挤伤人。

3）使用定型模板浇筑混凝土墙体，其拆除后的模板的吊运、搁置应安全、稳妥。

4. 混凝土肋形楼板的浇筑

肋形楼板是由主梁、次梁和板组成的典型的梁板结构。其主梁设置在柱和墙之间，断面尺寸较大；次梁设置在主梁之间，断面尺寸较小；夹板设置在主梁和次梁上。

（1）混凝土浇筑

1）肋形楼板浇筑混凝土前，应抄平及润湿模板，安放好钢筋，架设运料马道等。肋形楼板与柱子连续浇筑时，应在柱混凝土浇筑完毕停歇 2h，使其初步沉实后才能浇筑。

2）有主、次梁的肋形楼板，混凝土的浇筑方向应顺次梁方向，主、次梁同时浇筑。在保证主梁浇筑的前提下，将施工缝留置在次梁跨中 1/3 的跨度范围内。

3）浇筑梁时，从梁的一端开始，先在起头的一小段内浇一层水泥砂浆（成分与混凝土中相同），然后分层浇筑混凝土。当主梁高度大于 1m 时，可先浇筑主、次梁混凝土，后浇筑楼板混凝土，其水平施工缝留置在板底以下 20～30mm 处，如图6-19（a）所示。当主梁高度大于 0.4m 小于 1m 时，应先浇筑梁混凝土，待梁混凝土浇筑至楼板底时，梁与板再同时浇筑，如图6-19（b）所示。

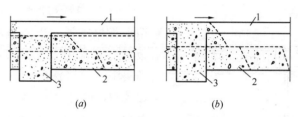

图 6-19　梁的分层浇筑
（a）主梁高度大于 1m；（b）主梁高度大于 0.4m 小于 1m
1—楼板；2—次梁；3—主梁

4）灌注楼板混凝土时，可直接将混凝土料卸在楼板上。但需注意，不可集中卸在楼板边角或有上层构造钢筋的楼板处。同时还应注意小车或料斗的浆料，把浆多石少或浆少石多的混凝土料均匀搭配。楼板混凝土的高度可比楼板厚度高出 20～25mm。

（2）混凝土的振捣

1）对于钢筋密集部位，应采用机械振捣与人工振捣相配的方法。即从梁的一端开始，先在起头约 600mm 长的一段铺一层厚约 15mm 与混凝土内成分相同的水泥砂浆，然后在砂浆上下一层混凝土料，由两人配合，一人站在浇筑混凝前进方向一端，面对混凝土使用插入式振动器振捣，使砂浆流到前面和底部，以便让砂浆包裹石子，而另一人站在后队面朝前进方向，用捣扦靠着侧模及底模部位往回钩石子，以免石子挡住砂浆往前流，捣固梁两侧时捣扦要紧贴模板侧待下料延伸至一定距离后再重复第二遍，直到振捣完毕。在浇捣第二层时可连续下料，不过下料的延伸距离略比第一层短些，以形成阶梯形。

2）对于主、次梁与柱结合部位，可由两人配合，一人在前用插入式振动器振捣混凝土，使砂浆先流到前面和底下，让砂浆包裹石子，另一人在后用捣钎靠侧板及底板部位往回钩石子，以免石子挡住砂浆往前流。在梁端部，往往上部钢筋密集，应改用小直径振动棒，从弯起钢筋斜段间隙中斜向插入进行振捣，如图6-20。

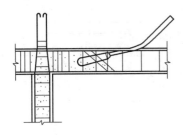

图6-20 梁端振捣方法

3）浇筑楼板混凝土时宜采用平板振动器，当浇筑小型平板时也可采用人工捣实，人工捣实用"带浆法"操作时由板边开始，铺上一层厚度为10mm宽约300～400mm的与混凝土成分相同的水泥砂浆。此时操作者应面向来料方向，与浇筑的前进方向一致，采用反铲下料。

（3）混凝土表面修整和养护

混凝土振捣完毕，板面如需抹光的，先用大铲将表面拍平，局部石多浆少的，另需补浆拍平，再用木抹子打搓，最后用铁抹子压光。木橛子取出后留下的洞眼，应用混凝土补平拍实后再收光。常温下，肋形楼板初凝后即可用草帘、麻袋覆盖，终凝后浇水养护，浇水次数以保证覆盖物经常湿润为准。在高温或特别干燥地区，以及C40以上混凝土，养护尤为重要，首先应洒水，并尽可能早地进行，以表面不起皮为准，洒过一两次水后，方可浇水养护。

（4）质量通病防治

1）柱顶与梁、板底结合处出现裂缝柱与梁、板整体现浇时，如柱混凝土浇筑完毕后，立即进行梁、板混凝土的浇筑，会因柱混凝土未凝固，而产生沿柱长度方向的体积收缩和下沉，造成柱顶与梁、板底结合处混凝土出现裂缝。正确的浇筑方法是：应先浇筑柱混凝土，待浇至其顶端部位时（一般在梁、板底下约2～3cm处），静停2h后，再浇筑梁、板混凝土。同时也可在该部位留置施工缝，分两次浇筑。必须注意柱与梁、板整体现浇时，不宜将柱与梁、板结构连续浇筑。

2）梁及底板出现麻面

① 旧模表面粗糙或表面未清理干净，拆模时，混凝土表面被粘损而出现麻面。因此模板表面必须清理干净。

② 木模未浇水湿润，浇筑的混凝土表面因失水过多而出现麻面。因此浇筑混凝土之前，模板应充分浇水湿润。

③ 钢模板表面隔离剂涂刷不均匀或漏刷，拆模时，混凝土表面被粘掉而产生麻面。因此，隔离剂必须涂刷薄而均匀。

④ 模板缝不严密，沿板缝出现漏浆，造成麻线（露石线）。因此板缝必须堵严。

⑤ 混凝土振捣不充分，气泡未排尽，造成表面麻面。

3）板底露筋。

① 楼板钢筋的保护层垫块铺垫间距过大或漏垫以及个别垫块被压碎，使钢筋紧贴模板，造成露筋。因此，垫块间距视板筋直径不同宜控制在1～1.5m之间，并避免压碎和漏垫。

② 混凝土下料不当或操作人员踩踏钢筋，使钢筋局部紧贴模板，拆模后出现露筋。

5. 悬挑构件、楼梯、圈梁的浇筑

（1）悬挑构件浇筑

悬挑构件是指悬挑出墙、柱、圈梁及楼板以外的构件，如图6-21，如阳台、雨篷、天沟、屋檐、牛腿、挑梁等。根据构件截

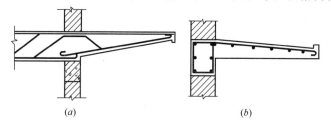

（a）　　　　　　　　　　　（b）

图 6-21　悬挑构件及钢筋构造

（a）悬臂梁；（b）悬臂板

面尺寸大小和作用分为悬臂梁和悬臂板。悬臂构件的受力特征与简支梁正好相反，其构件上部承受拉力，下部承受压力。悬臂构件靠支撑点（砖墙、柱等）与后部的构件平衡。

1）悬挑构件的悬挑部分与后面的平衡构件的浇筑必须同时进行，以保证悬挑构件的整体性。

2）浇筑时，应先内后外，先梁后板，一次连续浇筑，不允许留置施工缝。

3）对于悬臂梁，因工程量不大，宜将混凝土料卸在铁皮拌盘上，再用铁锹或小铁桶传递下料。可一次将混凝土料下足后，集中用插入式振动器振捣，对于支点外的悬挑部分，如因钢筋密集，可采用带刀片的插入式振动器振捣或配合人工捣固的方法使混凝土密实。对于不具备条件的，也可用人工"赶浆法"捣固。

4）对于悬臂板，应顺支撑梁的方向，先浇筑梁，待混凝土浇到平板底后，同时浇筑梁板，切不可待梁混凝土浇筑完后，再回过头来浇筑板。对于支撑梁，可用插入式振动器振捣，也可用人工"赶浆法"捣固。对于悬挑板部分，因板厚较小，宜采用人工带浆法捣固，板的表面用锹背拍平、拍实，并反复揉搓至表面出浆为准。

5）混凝土初凝后，表面即可用草帘等覆盖，终凝后即浇水养护。养护时间不少于7d。

6）悬挑构件的侧板拆除时，以混凝土强度能保证其表面及棱角不因拆模而破坏为宜。而对悬挑部分的底模应按有关规定的要求拆除。

（2）楼梯的浇筑

现浇楼梯混凝土的浇筑，因工作面较小，其操作位置又不断变化，因此操作的人员不宜过多。

1）现浇楼梯的结构形式主要有板式和梁式，都由休息平台分为两段或若干段斜向楼梯段，对楼梯段混凝土的浇筑顺序应按其位置进行划分：在休息平台下的混凝土由下一楼层进料，在休息平台上的混凝土由上层楼面进料。由下向上逐步浇筑完毕。

2）施工缝的留设：楼梯混凝土在浇筑过程中，若上一层混凝土楼面未浇筑时，可在梯段长度的跨中附近预留施工缝，如图6-22。在上下层楼面混凝土已浇筑完毕时，楼梯的浇筑应一次性完成，不得留施工缝。

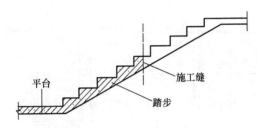

图 6-22　楼梯的施工缝位置

3）从下层往上层浇灌。随踏步的上升一步一步地浇捣密实。

4）防止把支撑踏步的挡板的小木条碰掉，要保证挡板不陷入混凝土中。小木条要随浇捣一步，取走一步。

5）在踏步中振捣要适度，不要将挡板振胀或振弯，造成拆模后踏步侧面不垂直、平面成弧形的情况出现。

6）由于楼梯要向上升起，因此要浇上几个踏步，并留置与上面连接的施工缝。施工缝一般留在向上层的第二或第三步平面的地方。

7）当再施工往上踏步混凝土时，一定要把施工缝处清理干净，浇水湿润，加浆接合，防止夹渣夹屑。在拆模之后要看不出有接缝，表面应光洁顺畅。

8）楼梯混凝土浇筑完毕后，应自上而下沿踏步表面进行修整。应将表面拍平、拍实，对高出踏步表面的混凝土应剔去，不足部分用混凝土及时填补。表面石多浆少的局部应加浆拍平，用木抹子打搓后，用铁抹子压光。

（3）圈梁浇筑

圈梁一般设置在砖墙上，圈梁的厚度通常为 12～24cm，宽度同墙厚。因此，圈梁的浇筑是在砖墙上进行的，其特点是工作面窄而长，易漏浆。圈梁的支模方法分为通用法和硬架法两种。通用法如图 6-23 所示，即先在墙上支模浇筑混凝土，后安装楼板。硬架法如图 6-24 所示，即先支模安装楼板，后浇筑混凝土。

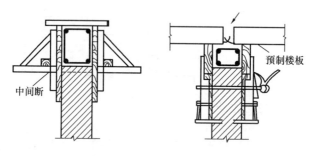

图 6-23　圈梁支模通用法　　图 6-24　圈梁支模硬架法

1）浇筑前应对钢筋、模板进行复查，看是否符合设计要求；并特别检查模板与墙体是否贴紧，缝隙是否填塞；木模特别是砖墙，应提早浇水充分润湿。

2）圈梁浇筑宜采用反锹下料，即锹背朝上下料。下料时应先两边后中间，分段一次灌足后集中振捣，分段长度一般为 2～3m。

3）施工缝留设：因圈梁较长，一次无法浇筑完毕时，可留置施工缝，但施工缝不能留在砖墙的十字、丁字、转角、墙垛处及门窗、大中型管道、预留孔洞上部等位置。

4）圈梁混凝土的振捣：圈梁振捣一般采用插入式振动器。而对于厚度较小的圈梁，也可采用"带浆法"配合"赶浆法"人工捣固。接茬处一般留成斜坡向前推进。

6. 现浇框架混凝土施工

钢筋混凝土框架结构是多层和高层建筑的主要结构形式。框架结构施工有现场直接浇筑、预制装配、部分预制、部分现浇等几种形式。现浇钢筋混凝土框架施工是将柱、墙（剪力墙、电梯井）、梁、板（也可预制）等构件在现场按设计位置浇筑成一整体。现浇框架混凝土施工时，要由模板、钢筋等多个工种相互配合进行。因此，施工前要做好充分的准备工作，施工中要合理组织，加强管理，使各工种密切协作，以加快混凝土工程的施工进度。

浇筑混凝土的准备工作有：原材料的进场和必要的复试或检测；混凝土配合比的计算和试配；楼面脚手道的铺搭；如用泵送混凝土，还要架设输送管道等。这些准备工作有的在支模前就要进行，有的在绑扎钢筋后进行，这要根据具体的工程进度自行安排。

框架混凝土施工前，应由技术人员将技术部门编制的混凝土工程的施工方案，对全体参加混凝土施工的人员进行必要的技术交底。其内容包括以下几点：

1）工程概况和特点，框架分层、分段施工的方案，浇筑层的实物工程量与材料数量。

2）混凝土浇筑的进度计划，工期要求，质量、安全技术措施等。

3）施工现场混凝土搅拌的生产工艺和平面布置，包括搅拌台（站）的平面布置、材料堆放位置、计量方法和要求、运输工具及路线等。

4）浇筑顺序与操作要点、施工缝的留置与处理。

5）混凝土的强度等级、施工配合比及坍落度要求。

（1）原材料检验

1）水泥。如对来料水泥的性能有怀疑时，可抽取不同部位20处（如随机抽20袋每袋抽1kg左右），总量至少12kg，送试验室做强度测试和安全性试验。待试验结果合格后才可使用。

2）砂、石。使用前对砂、石进行抽样检验，即在来料堆上分中间、四角等不同部位抽取10kg以上送试验室进行测试。测试内容为：级配情况是否合格；含泥量、有机有害物质的含量是否超标；表观密度为（过去称容重）多少；对高强混凝土的石子可能还要做强度试验，可用压碎指标来反映。

3）水。如采用非饮用水、非自来水时，有必要对水进行化验。测定其 pH 值和有机含量，确认对水泥、砂、石无害后才可使用。

4）外加剂。如混凝土要掺加外加剂，则也应送试验室经试配得出掺量的结果后，确定在混凝土中如何掺用。

5）掺合料。用掺合料（如粉煤灰）时，必须对来料弄清等级，从外观检查细度，其掺量应按试验室试配确定的掺量为准，在施工时加入搅拌材料中进行搅拌。

（2）机具及劳动力的准备

1）检查原材料的质量、品种与规格是否符合混凝土配合比设计要求，各种原材料应满足混凝土一次连续浇筑的需要。

2）检查施工用的搅拌机、振动器、水平及垂直运输设备、料斗及串筒、备品及配件设备的情况。所有机具在使用前应试转运行，以保证使用过程中运转良好。

3）浇筑混凝土用的料斗、串筒应在浇筑前安装就位，浇筑用的脚手架、桥板、通道应提前搭设好，并保证安全可靠。

4）对砂、石料的称量器具应检查校正，保证其称量的准确性。

5）准备好浇捣点的混凝土振动器、临时堆放由小车推来的混凝土的铁板（1～2mm 厚，1m×2m 的黑铁板）、流动电闸箱（给振动器送电用）、铁锹和夜间施工需要的照明或行灯（有些过深的部位仅上部照明看不见，还要有手提的照射灯）等。

（3）模板及钢筋的检查

1）检查模板安装的轴线位置、标高、尺寸与设计要求是否一致，模板与支撑是否牢固可靠，支架是否稳定，模板拼缝是否严密，锚固螺栓和预埋件、预留孔洞位置是否准确，发现问题应及时处理。

2）检查钢筋的规格、数量、形状、安装位置是否符合设计要求，钢筋的接头位置，搭接长度是否符合施工规范要求，控制混凝土保护层厚度的砂浆垫块或支架是否按要求铺垫，绑扎成型后的钢筋是否有松动、变形、错位等，检查发现的问题应及时要求钢筋工处理。检查后应填写隐蔽工程记录。

（4）混凝土开拌前的清理工作

1）将模板内的木屑、绑扎丝头等杂物清理干净。木模在浇筑前应充分浇水润湿，模板拼缝缝隙较大时，应用水泥袋纸、木片或纸筋灰填塞，以防漏浆影响混凝土质量。

2）对粘附在钢筋上的泥土、油污及钢筋上的水锈应清理干净。

（5）混凝土的运输

混凝土从搅拌机出料后到浇筑地点，必须经过运输。目前混凝土的运输有两种情况。

1）工地搅拌，工地浇筑要求应以最少的转载次数、最短的时间运到浇筑点上。施工工地内的运输一般采用手推车或机动翻斗车。要求容器不吸水、不漏浆，容器使用前表面要先润湿。对车斗内的残余混凝土要清理干净，运石灰之类的车不能用来运输混凝土。运输时间一般应不超过规定的最早初凝时间，即45min。运输过程中要保持混凝土的均匀性，做到不分层、不离析、不漏浆。不能因发现干硬了而任意加水。此外要求混凝土运到浇筑的地点时，还应具有规定的坍落度。如果运到浇筑地点发现混凝土出现离析或初凝现象，则必须在浇筑前进行二次搅拌，要达到均匀后方可使用。

2）采用商品混凝土工地浇筑要求运送的搅拌车能满足泵送的连续工作。因此，根据混凝土厂至工地的路程要制定出用多少搅拌车运送，估计每辆车的运输时间，防止间隙过大而造成输送管道阻塞。在工地上，从泵车至浇筑点的运输，全部依靠管道进行。因此，要求输送管线要直，转弯宜缓，接头严密。如管道向下倾斜，应防止混入空气产生阻塞。泵送前应先用适量的与混凝土内成分相同的水泥砂浆润滑输送管内壁。万一发生泵送间歇时间超过 45min，或混凝土出现离析现象时，应立即用压力水或其他方法冲洗出管内残留的混凝土。由于目前商品混凝土都掺加缓凝型外加剂，间歇时间超过 45min 时，也不一定发生问题。但必须注意，并积累经验，便于处理出现的问题。根据规范规定，混凝土由运输开始到浇筑完成的延续时间和间歇的允许时间可参照表 6-10，当超过时应考虑留置施工缝。

（6）混凝土的浇筑和振捣

浇筑多层框架混凝土时，要分层分段组织施工。水平方向以结构平面的伸缩缝或沉降缝为分段基准，垂直方向则以每一个使用层的柱、墙、梁、板为一结构层，先浇筑柱、墙等竖向结构，后浇筑梁和板。因此，框架混凝土的施工实际上是除基础外的柱、墙、梁、板的施工。

1）混凝土向模板内倾倒下落的自由高度，不应超过 2m。超过的要用溜槽或串筒送落。

2）浇筑竖向结构的混凝土，第一车应先在底部浇填与混凝土内砂浆成分相同的水泥砂浆（即第一盘为按配合比投料时不加石子的砂浆）。

3）每次浇筑所允许铺的混凝土厚度为：振捣时，用插入式，允许铺的厚度为振动器作用部分长度的 1.25 倍，一般约 50cm；用平板振动器（振楼板或基础），则允许铺的厚度为 200mm。如有些地区实在没有振动器，而用人工捣固的，则一般铺 200mm 左右，或根据钢筋稀密程度确定。

4）在浇捣混凝土过程中，应密切观察模板、支架、钢筋、预埋件和预留孔洞的情况，当发现有变形、位移时应及时采取措施进行处理。

5）当竖向构件柱、墙与横向梁板整体连接时，柱、墙浇筑完毕后应让其自沉 2h 左右，才能浇筑梁板与其结合。如没有间歇地连续浇捣，往往由于竖向构件模板内的混凝土自重下沉还未稳定，上部混凝土又浇下来，导致拆模后结合部出现横向水平裂缝，这是不利的。

（7）框架柱的混凝土浇筑

框架结构施工中，一般在柱模板支撑牢固后，先行浇筑混凝土。这样做可以使上部模板支撑的稳定性好。浇筑时可单独一个柱搭一架子进行。或在梁、板支撑好后先浇筑混凝土，然后绑扎梁、板钢筋。

1）浇灌前先清理柱内根部的杂物，并用压力水冲净湿润，封好根部封口模板，准备下料。

2）用与混凝土内砂浆配比相同的水泥砂浆先填铺 5～10cm，用铁锹在柱根均匀撒开。再根据柱子高度下料：如超过 3m 时，要用一串筒挂入送料；不超过 3m 高，可直接用小车倒入，如图6-25。

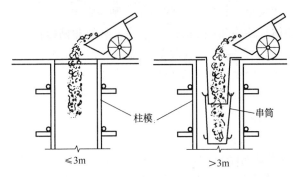

图 6-25　框架柱的混凝土浇筑

3）当柱高不超过 3.5m，桂断面大于 40cm×40cm 且无交叉钢筋时，混凝土可由柱模顶直接倒入。当柱高超过 3.5m 时，必须分段灌注混凝土，每段高度不得超过 3.5m。

4）凡柱断面在 40cm×40cm 以内或有交叉箍筋的任何断面的混凝土柱，均应在柱模侧面开设的门子洞上装斜溜槽分段灌注，每段高度不得大于 2m。如箍筋妨碍斜溜槽安装时，可将箍筋一端解开提起，待混凝土浇至门子洞下口时，卸掉斜溜槽，将箍筋重新绑扎好，用门子板封口，柱筋箍紧，继续浇上段混凝土。采用斜溜槽下料时，可将其轻轻晃动，加快其下料速度。采用串筒下料时，柱混凝土的浇筑高度可不受限制。

5）浇捣中要注意柱模不要胀模或鼓肚；要保证柱子钢筋的位置，即在全部完成一层框架后，到上层放线时，钢筋应在柱子边框线内。

（8）墙体混凝土的浇筑和振捣

1）墙体混凝土浇筑，应遵循先边角后中部，先外墙后内墙的顺序，以保证外部墙体的垂直度。

2）混凝土灌注时应分层。分层厚度：人工振捣不大于35cm；振动器振捣不大于35cm；轻骨料混凝土不大于30cm。

3）高度在3m以内的外墙和内墙，混凝土可从墙顶向板内卸料，卸料时须在墙顶安装料斗缓冲，以防混凝土产生离析。对于截面尺寸狭小且钢筋密集的墙体，则应在侧模上开门子洞，大面积的墙体，均应每隔2m开门子洞，装斜溜槽投料。

4）墙体上开有门窗洞或工艺洞口时，应从两侧同时对称投料，以防将门窗洞或工艺洞口模板挤变形。

5）墙体在灌注混凝土前，必须先在底部铺5～10cm厚与混凝土内成分相同的水泥砂浆。

6）混凝土的振捣

① 对于截面厚大的混凝土墙，可用插入式振动器振捣，其方法同柱的振捣。对一般或钢筋密集的混凝土墙，宜采用在模板外侧悬挂附着式振动器振捣，其振捣深度约25cm。如墙体截面尺寸较厚时，可在两侧悬挂附着式振动器振捣。

② 使用插入式振动器如遇有门窗洞及工艺洞口时，应两边同时对称振捣。同时不得用棒头猛击预留孔洞、预埋件和闸盒等。

③ 当顶板与墙体整体现浇时，楼顶板端头部分的混凝土应单独浇筑，以保证墙体的整体性和抗震能力。

（9）框架梁、板的混凝土浇筑和振捣

在柱子浇筑全部结束后，绑完梁、板钢筋，经检查符合设计，即可浇捣梁、板混凝土。

1）施工准备。清理梁、板模上的杂物；对缺少的保护层垫块，补加垫好。模板要浇水湿润，大面积框架楼层的湿润工作，可随浇筑进行随时湿润。根据混凝土量确定浇筑台班，组织劳动力。框架梁、板宜连续浇筑施工，实在有困难时应留置施工缝。施工缝的留法见后面介绍。

2）一般从最远端开始，以逐渐缩短混凝土远距，避免捣实后的混凝土受到扰动。浇灌时应先低后高，即先浇捣梁，待浇捣至梁上口后，可一起浇捣梁、板，浇筑过程中尽量使混凝土面保持水平状态。深于 1m 的梁，可以单独先浇捣，然后与别处拉平。

3）向梁内下混凝土料时，应采用反铲下料，这样可以避免混凝土离析。当梁内下料有 30～40cm 深时，就应进行振捣，振捣时直插、斜插、移点等均应按前面介绍的规定实施。

4）梁板浇捣一段后（一个开间或一柱网），应采用平板振动器，按浇筑方向拉动机器振实面层。平板振捣后，由操作人员随后按楼层结构标高面，用木杠及木抹子搓抹混凝土表面，使之达到平整。

（10）梁、柱节点混凝土浇筑

1）框架梁、柱节点的特点。框架的梁、柱交叉的位置，称梁、柱节点，由于其受力的特殊性，主筋的连接接头的加强以及箍筋的加密造成钢筋密集，采用一般的浇筑施工方法，混凝土难以保证其密实度。

2）混凝土中的粗骨料要适应钢筋密集的要求。按施工图设计的要求，采用强度等级相同或高一级的细石混凝土浇筑。

3）混凝土的振捣。用较小直径的插入式振动器进行振捣，必要时可以人工振捣辅助，以保证其密实性。

4）为了防止混凝土初凝阶段，在自重作用以及模板横向变形等因素的影响下导致高度方向的收缩，柱子浇捣至箍筋加密区后，可以停 1～1.5h（不能超过 2h），再浇筑节点混凝土。节点混凝土必须一次性浇捣完毕，不得留施工缝。

（六）混凝土养护与拆模

混凝土养护是为了保证混凝土凝结和硬化必需的湿度和适宜的温度，促使水泥水化作用充分发展的过程，它是获得优质混凝土必不可少的措施。混凝土中拌合水的用量虽比水泥水化所需的水量大得多，但由于蒸发，骨料、模板和基层的吸水作用以及环境条件等因素的影响，可使混凝土内的水分降低到水泥水化必需的用量之下，从而妨碍水泥水化的正常进行。因此，混凝土养护不及时、不充分时（尤其在早期），不仅易产生收缩裂缝、降低强度，而且影响混凝土的耐久性以及其他各种性能。实验表明，未养护的混凝土与经充分养护的混凝土相比，其 28d 抗压强度将降低 30% 左右，一年后的抗压强度约降低 5%，由此可见养护对于混凝土工程的重要性。

在养护中，目前一般采用草帘、草袋进行覆盖，并经常浇水保持湿润。除了这种常用的养护方法外，目前也有采用塑料薄膜覆盖养护的，即将其敞露的全部表面用塑料膜覆盖严密，并在养护时薄膜内可见凝结水。再有一种是喷刷养护剂养护，这是近年发展起来的，它的优点是现场干净。这种养护剂是成品出售，当它被涂至混凝土表面后，会结成一层薄膜，使混凝土表面与空气隔绝，封闭了混凝土中水分的蒸发，而完成水泥水化作用，达到养护的目的。它适用于不易浇水养护的构件，如柱子、墙。对于楼面梁板，因其薄膜容易破坏而造成养护质量差的情况，要使用喷刷养护，必须工序清楚按部就班，不抢工不混乱才行。

混凝土浇筑完毕后，应按施工技术方案及时采取有效的养护措施，并应符合下列规定：

1) 应在浇筑完毕后的 12h 以内对混凝土加以覆盖并保湿养护。

2) 混凝土浇水养护的时间：对采用硅酸盐水泥、普通硅酸盐水泥或矿渣硅酸盐水泥拌制的混凝土，不得少于 7d；对掺用缓凝型外加剂或有抗渗要求的混凝土，不得少于14d。

3）浇水次数应能保持混凝土处于湿润状态；混凝土养护用水应与拌制用水相同。

4）采用塑料布覆盖养护的混凝土，其敞露的全部表面应覆盖严密，并应保持塑料布内有凝结水。

5）混凝土强度达到1.2N/mm² 前，不得在其上踩踏或安装模板及支架。

同时，应注意以下几点：

1）当日平均气温低于5℃时，不得浇水。

2）当采用其他品种水泥时，混凝土的养护时间应根据所采用水泥的技术性能确定。

3）混凝土表面不便浇水或使用塑料布时，宜涂刷养护剂。

4）对大体积混凝土的养护，应根据气候条件按施工技术方案采取控温措施。

1. 自然养护

（1）覆盖浇水养护

混凝土浇筑完后，逐渐凝结硬化，强度也不断增长，这个过程主要由水泥的水化作用来达到。而水泥的水化作用又必须在适当的温度和湿度条件下进行。混凝土的养护就是为达到这个目的。对已浇筑完毕的混凝土，应加以覆盖和浇水，并应符合以下规定：

1）应在浇筑完毕后的12h以内对混凝土加以覆盖和浇水。

2）混凝土浇水养护的时间，对采用硅酸盐水泥、普通水泥或矿渣水泥拌制的混凝土，不得少于7d；对掺用缓凝型外加剂或有抗渗性要求的混凝土，不得少于14d。

3）浇水次数应能保持混凝土处于湿润状态。

4）混凝土的养护用水应与拌制水相同。但当日平均气温低于5℃时，不得浇水。

在工程中如遇到大体积混凝土时，其养护则不能与通常一样浇水覆盖，这样会适得其反。大体积混凝土养护主要避免内外温差过大而造成收缩裂缝。因此，养护时要与外界隔绝，保持其内外温差不超过 25℃。可用薄膜对混凝土全面覆盖，上面再加草包或草帘保温。如果浇筑后不进行正常养护，而让混凝土处于炎热、干燥、风吹日晒的环境中，水分很快蒸发就会影响混凝土中水泥的正常水化作用，从而会使混凝土表面泛白、脱皮、起砂，严重的出现干缩裂缝，甚至内部粉酥，降低混凝土的强度。因此，混凝土的养护绝不是一件可有可无的工作，而是混凝土工程施工的最后环节，也是保证质量的重要一环。在混凝土养护过程中，目前的弊端是养护期不足，浇水湿度不够，抢工上马，使养护得不到充分保证。因此必须在统筹整个施工工期进度中权衡该项工作。尤其应该注意的是混凝土在养护之中，强度尚未达到 $1.2N/mm^2$ 时，不得在混凝土上踩踏和进行下道工序，如支模架、运料的操作。利用平均气温高于+5℃的自然条件，用适当的材料对混凝土表面加以覆盖并浇水，使混凝土在一定的时间内保持水泥水化作用所需要的适当温度和湿度条件。其注意事项如下：

1）应在浇筑完毕后的 12h 以内加以覆盖和浇水。

2）浇水养护的时间，对采用硅酸盐水泥、普通硅酸盐水泥或矿渣硅酸盐水泥拌制的混凝土，不得少于 7d，对掺用缓凝型外加剂或有抗渗性要求的混凝土，不得少于 14d。

3）浇水次数应能保持混凝土处于润湿状态。

4）混凝土的养护用水应与拌制用水相同。

5）当采用特种水泥时，混凝土的养护应根据所采用水泥的技术性能确定。

6）采用塑料布覆盖养护的混凝土，其敞露的全部表面应用塑料布覆盖严密，并应保持塑料布内有凝结水。若混凝土的表面不便浇水或使用塑料布养护时，宜涂刷保护层（如薄膜养生液等），防止混凝土内部水分蒸发。

7）自然养护不同温度与龄期的混凝土强度增长百分率见表6-11。

水泥品种、轻度等级	硬化龄期(d)	混凝土硬化时的平均温度（℃）							
		1	5	10	15	20	25	30	35
32.5级普通水泥	2	—	—	—	28	35	41	46	50
	3	12	20	26	33	40	46	52	57
	5	20	28	35	44	50	56	62	67
	7	26	34	42	50	58	64	68	75
	10	35	44	52	61	68	75	80	86
	15	44	54	64	73	81	88	—	—
	28	65	72	82	92	100			
42.5级普通水泥	2	—	—	19	25	30	35	40	45
	3	14	20	25	32	37	43	48	52
	5	24	30	36	44	50	57	63	66
	7	32	40	46	54	62	68	73	76
	10	42	50	58	66	74	78	82	86
	15	52	63	71	80	88			
	28	68	78	86	94	100			
32.5级矿渣水泥、火山灰质水泥	2	—	—	—	15	18	24	30	35
	3		—	11	16	22	28	34	44
	5	—	16	21	27	33	42	50	58
	7	14	23	30	36	44	52	61	70
	10	21	32	41	49	55	65	74	81
	15	28	41	54	64	72	80	88	
	28	41	61	77	90	100	—	—	
42.5级矿渣水泥、火山灰质水泥	2	—	—	—	15	18	24	30	35
	3	—	—	11	17	22	26	32	38
	5	12	17	22	28	34	39	44	52
	7	18	24	32	38	45	50	55	63
	10	25	34	44	52	58	60	67	75
	15	32	46	57	67	74	80	86	92
	28	48	64	83	92	100	—	—	

（2）薄膜布养护

在有条件的情况下可采用不透水、气的薄膜布（如塑料薄膜布）养护。用薄膜布把混凝土表面敞露的部分全部严密地覆盖起来，保证混凝土在不失水的情况下得到充足的养护。这种养护方法的优点是不必浇水，操作方便，能重复使用，能提高混凝土的早期强度，加速模具的周转。但应该保持薄膜布内有凝结水。

（3）薄膜养生液养护

混凝土的表面不便浇水或使用塑料薄膜布养护时，可采用涂刷薄膜养生液，防止混凝土内部水分蒸发的方法进行养护。

薄膜养生液养护是将可成膜的溶液喷洒在混凝土表面上，溶液挥发后在混凝土表面凝结成一层薄膜，使混凝土表面与空气隔绝，封闭混凝土中的水分不再被蒸发，而完成水化作用。这种养护方法一般适用于表面积大的混凝土施工和缺水地区。但应注意薄膜的保护。

2. 加热养护

（1）蒸汽养护

蒸汽养护是利用蒸汽加热养护混凝土。可选用棚罩法、蒸汽套法、热模法、蒸汽毛管法。棚罩法是用帆布或其他罩子扣罩，内部通蒸汽养护混凝土，适用于预制梁、板、地下基础、沟道等。蒸汽套法是制作密封保温外套，分段送汽养护混凝土，蒸汽通入模板与套板之间的空隙，来加热混凝土，适用于现浇梁、板、框架结构、墙、柱等。其构造如图 6-26。

热模法是在模板外侧配置蒸汽管，先加热模板，再由模板传

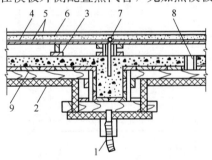

图 6-26　蒸汽套构造示意图

1—蒸汽管；2—保温套板；3—垫板；4—木板；5—油毡；6—锯末；

7—测温孔；8—送汽孔；9—模板

热给混凝土进行养护，适用于墙、柱及框架结构，其构造如图6-27。蒸汽毛管法是在结构内部预留孔道，通蒸汽加热混凝土进行养护，适用于预制梁、柱、椅架，现浇梁、柱、框架梁，其构造如图6-28。

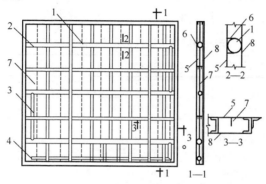

图 6-27 蒸汽热膜构造图

1—89mm 钢管；2—20mm 进汽口；3—50mm 连通管；4—20mm 出汽口；5—3mm 厚面板；6—3mm×50mm 导热横肋；7—导热竖肋；8—26号镀锌薄钢板

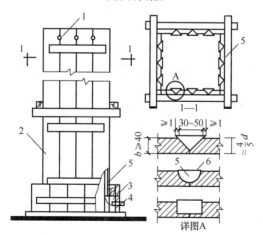

图 6-28 柱毛管模板

1—出汽孔；2—模板；3—蒸汽分配箱；4—进汽管；5—毛管；6—镀锌薄钢板

蒸汽养护应使用低压饱和蒸汽。采用普通硅酸盐水泥时最高养护温度不超过 80℃，采用矿渣硅酸盐水泥时可提高到 85℃，但采用内部通汽法时，最高加热温度不超过 60℃。采用蒸汽养护整体浇注的结构时，升温和降温速度不得超过表 6-12 的规定。蒸汽养护混凝土可掺入早强剂或无引气型减水剂。

蒸汽加热养护混凝土升温和降温速度　　　　表 6-12

结构表面系数（m⁻¹）	升温速度（℃/h）	降温速度（℃/h）
≥6	15	10
<6	10	5

（2）覆盖式养护

其结构如图 6-29。

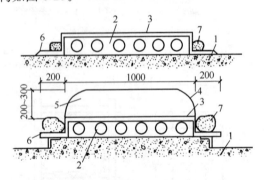

图 6-29　覆盖式太阳能养护

1—台座；2—构件；3—黑色塑料薄膜；4—透明塑料薄膜；
5—空气层；6—压封边；7—砂袋

（3）棚罩式养护

其结构如图 6-30。

（4）箱式养护

其结构如图 6-31。

1）养护时要加强管理，根据气候情况，随时调整养护制度，当湿度不够时，要适当喷水。

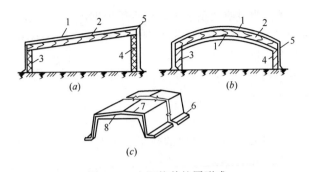

图 6-30 太阳能养护罩形成

(a) 单坡式；(b) 双坡拱式；(c) 双坡式

1—透明塑料薄膜一层；2—方木或弧形板；3—黑色塑料薄膜一层；

4—旧棉花；5—厚木板（外刷黑色油漆）；6—橡胶包底；

7—透明聚酯玻璃钢；8—玻璃钢肋

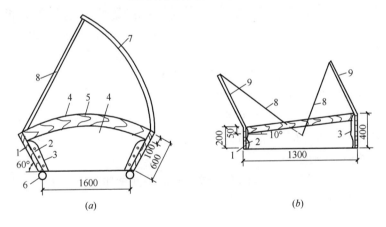

图 6-31 箱式太阳能养护罩

(a) 扇形箱式；(b) 斜坡箱式

1—10mm 厚木板；2—旧棉花 30～50mm；3—黑色塑料薄膜；4—透明塑料薄膜；5—弧形木方 25mm×100mm；6—橡胶内胎皮；7—箱盖（胶合板内刷铝粉）；8—撑杆；9—镀铝涤纶布反射盖

2）塑料薄膜较易损坏，要经常检查修补。修补方法是：将损坏部分擦洗干净，然后用刷子蘸点塑料胶涂刷在破损部位，再将事先剪好的塑料薄膜贴上去，用手压平即可。

3）采用太阳能集热箱养护混凝土应注意使玻璃板斜度与太阳光垂直或接近垂直射入效果最好；反射角度可以调节，以反射光能全部射入为佳；反射板在夜间宜闭合，盖在玻璃板上，以减少箱内热介质传导散热的损失；吸热材料要注意防潮。

4）当遇阴雨天气，收集的热量不足时，可在构件上加铺黑色薄膜，提高吸收效率。

3. 混凝土养护后的质量检查

混凝土养护后的检查主要是抗压强度检查，如设计上有要求，还需进行抗冻性、抗渗性等方面的检查。评定结构构件的混凝土强度应采用标准试件的混凝土强度，即按标准方法制作的边长为150mm的标准尺寸的立方体试件，在温度（20±2)℃、相对湿度为95％以上的环境或水中的标准条件下，养护至28d龄期时按标准试验方法测得的混凝土立方体抗压强度。

确定混凝土结构构件的拆模、出池、出厂、吊装、张拉、放张及施工期间临时负载时的混凝土强度，应采用与结构构件同条件养护的标准尺寸试件的混凝土强度。用于检查结构构件混凝土质量的试件，应在混凝土的浇筑地点随机取样制作。试件的留置应符合下列规定：

1）每拌制100盘且不超过100m³的同配比的混凝土，其取样不得少于一次。

2）每工作班拌制的同配比的混凝土不足100盘时，其取样不得少于一次。

3）当一次连续浇筑超过1000m³时，同一配合比的混凝土每200m³取样不得少于一次。

4）每一楼层、同一配合比的混凝土，取样不得少于一次。

5）每次取样应至少留置一组标准养护试件，同条件养护试件的留置组数应根据实际需要确定。

对有抗渗要求的混凝土结构，其混凝土试件应在浇筑地点随机取样。同一工程、同一配合比的混凝土，取样不应少于一次，留置组数可根据实际需要确定。当三个试件强度中的最大值和最小值与中间值之差均不超过中间值的 15％时，取三个试件强度的平均值；当三个试件强度中的最大值或最小值之一与中间值之差超过中间值的 15％时，取中间值；当三个试件强度中的最大值和最小值与中间值之差均超过中间值的 15％时，该组试件不应作为强度评定的依据。

4. 混凝土拆模

混凝土结构在浇筑完成一些构件或一层结构之后，经过自然养护（或冬期蓄热法等养护）之后，在混凝土具有相当强度时，为使模板能周转使用，就要对支撑的模板进行拆除。一般说拆模可分为两种情况：一种是在混凝土硬化后对模板无作用力的，如侧模板；一种是混凝土虽已硬化，但要拆除模板则其构件本身还不具备承担荷载的能力。那么，这种构件的模板不是随便就可以拆除的，如梁、板、楼梯等构件。

（1）现浇混凝土结构拆模条件

对于整体式结构的拆模期限，应遵守以下规定：

1）非承重的侧面模板，在混凝土强度能保证其表面及棱角不因拆除模板而损坏时，方可拆除。

2）底模板在混凝土强度达到设计规定后，始能拆除。

3）已拆除模板及其支架的结构，应在混凝土达到设计强度后，才允许承受全部计算荷载。施工中不得超载使用已拆除模板的结构，严禁堆放过量建筑材料。当承受施工荷载大于计算荷载时，必须经过核算加设临时支撑。

4）钢筋混凝土结构如在混凝土未达到规定的强度时进行拆模及承受部分荷载，应经过计算复核结构在实际荷载作用下的强度。必要时应加设临时支撑，但需说明的是表 6-13 中的强度系指抗压强度标准值。强度在常温下可以按曲线图 6-32 推算，而在低温时应按所做的同条件试块压出的值来确定。所以冬期施工拆模时间离浇筑完毕时间较长。

预制构件的类别	按设计的混凝土强度标准值的百分率计（%）	
	拆侧模板	拆底模板
普通量、跨度在 4m 及 4m 以内分布脱模	25	50
普通薄腹梁、吊车梁、T 形梁、厂形梁、柱、跨度在 4m 以上	40	75
先张法预应力屋架、屋面板、吊车梁等	50	建立预应力后
先张法各类预应力薄板重叠浇筑	25	建立预应力后
后张法预应力块体竖立浇筑	40	75
后张法预应力块体平卧重叠浇筑	25	75

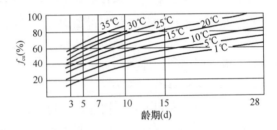

图 6-32　32.5 级混凝土强度与温度、龄期的关系曲线图

5）多层框架结构当需拆除下层结构的模板和支架，而其混凝土强度尚不能承受上层模板和支架所传来的荷载时，则上层结构的模板应选用减轻荷载的结构（如悬吊式模板、桁架支模等），但必须考虑其支撑部分的强度和刚度。或对下层结构另设支柱（或称再支撑）后，才可安装上层结构的模板。

（2）预制构件拆模条件

预制构件的拆模强度，当设计无明确要求时，应遵守下列规定：

1）拆除侧面模板时，混凝土强度能保证构件不变形、棱角完整和无裂缝时方可拆除。

2）承重底模时应符合表 6-13 的规定。

3）拆除空心板的芯模或预留孔洞的内模时，在能保证表面不发生塌陷和裂缝时方可拆模，并应避免较大的振动或碰伤孔壁。

（3）滑升模板拆除条件

滑动模板装置的拆除，尽可能避免在高空作业。提升系统的拆除可在操作平台上进行，只要先切断电源，外防护齐全（千斤顶拟留待与模板系统同时拆除），不会产生安全问题。

1）模板系统及千斤顶和外挑架、外吊架的拆除，宜采用按轴线分段整体拆除的方法。总的原则是先拆外墙（柱）模板（提升架、外挑架、外吊架一同整体拆下）；后拆内墙（柱）模板。模板拆除程序为："将外墙（柱）提升架向建筑物内侧拉牢—外吊架挂好溜绳—松开围圈连接件—挂好起重吊绳，并稍稍绷紧—松开模板拉牢绳索—割断支撑杆模板吊起缓慢落下—牵引溜绳使模板系统整体躺倒地面—模板系统解体。"此种方法模板吊点必须找好，钢丝绳垂直线应接近模板段重心，钢丝绳绷紧时，其拉力接近并稍小于模板段总重。

2）若条件不允许时，模板必须高空解体散拆。高空作业危险性较大，除在操作层下方设置卧式安全网防护，危险作业人员系好安全带外，必须编制好详细、可行的施工方案。一般情况下，模板系统解体前，拆除提升系统及操作平台系统的方法与分段整体拆除相同，模板系统解体散拆的施工程序为："拆除外吊架脚手板、护身栏（自外墙无门窗洞口处开始，向后倒退拆除）—拆除外吊架吊杆及外挑架—拆除内固定平台—拆除外墙（柱）模板—拆除外墙（柱）围圈—拆除外墙（柱）提升架并将外墙（柱）千斤顶从支撑杆上端抽出—拆除内墙模板—拆除一个轴线段围圈，相应拆除一个轴线段提升架—千斤顶从支撑杆上端抽出。"高空解体散拆模板必须掌握的原则是：在模板解体散拆的过程中，必须保证模板系统的总体稳定和局部稳定，防止模板系统整体或局部倾倒坍落。因此，制定方案、技术交底和实施过程中，务必有专责人员统一组织、指挥。

3）高层建筑滑模设备的拆除一般应做好下述几项工作：

① 根据操作平台的结构特点，制定其拆除方案和拆除顺序。

② 认真核实所吊运件的重量和起重机在不同起吊半径内的起重能力。

③ 在施工区域，画出安全警戒区，其范围应视建筑物高度及周围具体情况而定。禁区边缘应设置明显的安全标志，并配备警戒人员。

④ 建立可靠的通信指挥系统。

⑤ 拆除外围设备时必须系好安全带，并有专人监护。

⑥ 使用氧气和乙炔设备应有安全防火措施。

⑦ 施工期间应密切注意气候变化情况，及时采取预防措施。

⑧ 拆除工作一般不宜在夜间进行。

（4）拆模程序

1）模板拆除一般是先支的后拆，后支的先拆，先拆非承重部位，后拆承重部位，并做到不损伤构件或模板。

2）肋形楼盖应先拆柱模板，再拆楼板底模，梁侧模板，最后拆梁底模板。拆除跨度较大的梁下支柱时，应先从跨中开始分别拆向两端。侧立模的拆除应按自上而下的原则进行。

3）工具式支模的梁、板模板的拆除，应先拆卡具，顺口方木、侧板，再松动木楔，使支柱、桁架等平稳下降，逐段抽出底模板和横档木，最后取下椅架、支柱、托具。

4）多层楼板模板支柱的拆除：当上层模板正在浇筑混凝土时，下一层楼板的支柱不得拆除，再下一层楼板支柱，仅可拆除一部分；跨度 4m 及 4m 以上的梁，均应保留支柱，其间距不得大于 3m；其余再下一层楼的模板支柱，当楼板混凝土达到设计强度时，始可全部拆除。

（5）拆模过程中应注意的问题

1）拆除时不要用力过猛、过急，拆下来的木料应整理好及时运走，做到活完地清。

2）在拆除模板过程中，如发现混凝土有影响结构安全的质量问题时，应暂停拆除。经处理后，方可继续拆除。

3）拆除跨度较大的梁下支柱时，应先从跨中开始，分别拆向两端。

4）多层楼板模板支柱的拆除，其上层楼板正在浇灌混凝土时，下一层楼板模板的支柱不得拆除，再下一层楼板的支柱，仅可拆除一部分。

5）拆模间歇时，应将已活动的模板、牵杆、支撑等运走或妥善堆放，防止因扶空、踏空而坠落。

6）模板上有预留孔洞者，应在安装后将洞口盖好。混凝土板上的预留孔洞，应在模板拆除后随即将洞口盖好。

7）模板上架设的电线和使用的电动工具，应用36V的低压电源或采用其他有效的安全措施。

8）拆除模板一般用长撬棍。人不许站在正在拆除的模板下。在拆除模板时，要防止整块模板掉下，拆模人员要站在门窗洞口外拉支撑，防止模板突然全部掉落伤人。

9）高空拆模时，应有专人指挥，并在下面标明工作区，暂停人员过往。

10）定型模板要加强保护，拆除后即清理干净，堆放整齐，以利再用。

11）已拆除模板及其支架的结构，应在混凝土强度达到设计强度等级后，才允许承受全部计算荷载。当承受施工荷载大于计算荷载时，必须经过核算，加设临时支撑。

凝土结构浇筑后，达到一定强度，方可拆模。模板拆卸日期，应按结构特点和混凝土所达到的强度来确定。

（七）混凝土季节性施工

1. 冬期施工

根据当地多年气温资料，室外日平均气温连续5d稳定低于5℃时，混凝土结构工程应按冬期施工要求组织施工。

冬期施工时，气温低，水泥水化作用减弱，新浇混凝土强度增长明显延缓，当气温降至0℃以下时水泥水化作用基本停止，混凝土强度亦停止增长。特别是温度降至混凝土冰点温度（新浇混凝土冰点为$-0.5℃\sim-0.3℃$）以下时，混凝土中的游离水开始结冰，结冰后的水体积膨胀约为9%。在混凝土内部产生冰胀应力，使强度尚低的混凝土内部产生微裂隙，同时降低了水泥、砂石和钢筋的黏结力，导致结构强度降低。受冻的混凝土在解冻后，其强度虽能继续增长，但已不能达到原设计的强度等级。试验证明，混凝土的早期冻害是由于内部的水结冰所致。混凝土在浇筑后立即受冻，抗压强度约损失50%，抗拉强度约损失40%。受冻前混凝土养护时间越长，强度损失就越低。试验还证明，混凝土遭受冻结带来的危害与遭冻时间早晚、水胶比、水泥强度等级、养护温度有关。

（1）混凝土冬期施工的材料要求

冬期施工中配制混凝土用的水泥，应优先选用活性高、水化热大的硅酸盐水泥和普通硅酸盐水泥。最小水泥用量不少于$300kg/m^3$，水胶比不应大于0.55。使用矿渣硅酸盐水泥时，宜采用蒸汽养护，使用其他品种水泥，应注意其他掺合料对混凝土抗冻性、抗渗性的影响。掺用防冻剂的混凝土，严禁使用高铝水泥。混凝土所使用的骨料必须清洁，不得含有冰雪的冰结物及易冻裂的矿物质。冬期骨料储备场地应选择地势较高、不积水的地方。冬期浇筑的混凝土，宜使用无氯盐类防冻剂，对抗冻性要求高的混凝土，宜使用引气剂或引气减水剂。

（2）混凝土冬期施工的搅拌

混凝土不宜露天搅拌，应尽量搭设暖棚，优先使用大容量的搅拌机，以减少混凝土的热量流失。搅拌前，用热水或蒸汽冲洗搅拌机。混凝土的搅拌时间比常温规定时间延长50%。经加热后的材料投料顺序为：先将水和砂石投入拌合，然后加入水泥。这样可防止水泥与高温水接触时产生假凝的现象。混凝土拌合物的出机温度不宜低于10℃。

（3）混凝土冬期施工的运输

混凝土的运输过程是热损失的关键阶段，应采取必要的措施减少混凝土的热损失。同时应保证混凝土的和易性。为减少混凝土的运输时间和距离常用的主要措施是使用大容积的运输工具并采取必要的保温措施，保证混凝土入模温度不低于5℃。

（4）混凝土冬期施工的浇筑

混凝土在浇筑前，应清除模板和钢筋上的冰雪和污垢，尽量加快混凝土的浇筑速度，防止热量散失过多。当采用加热养护时，混凝土养护前的温度不得低于2℃。冬期不得在强冻胀性地基土上浇筑混凝土，当在弱冻胀性地基土上浇筑混凝土时地基土应进行保温，以免遭冻。对加热养护的现浇混凝土结构，混凝土的浇筑程序和施工缝的位置应能防止在加热养护时产生较大的温度应力。当分层浇筑较大的整体结构时，已浇筑的混凝土温度，在被上层混凝土覆盖前，不得低于2℃。冬期施工混凝土振捣应用机械振捣，振捣时间应比常温时有所增加。

（5）混凝土冬期施工中外加剂的应用

在混凝土中加入适量的早强剂、抗冻剂、减水剂及加气剂，使混凝土在负温度下能继续水化，增长强度。这样能使混凝土冬期施工简化，节约能源，降低冬期施工费用，是冬期施工有发展前途的施工方法。混凝土冬期施工中外加剂的使用，应满足抗冻、早强的需要，对结构钢筋无锈蚀作用，对混凝土后期强度和其他物理力学性能无不利影响，同时应适应结构工作环境的需要，单一的外加剂通常不能完全满足混凝土冬期施工的要求，一般宜采用复合配方。常用的复合配方有下面几类：

1）氯盐类外加剂

氯化钠、氯化钙廉价易购买，但对钢筋有锈蚀作用，一般钢筋混凝土中其掺量按无水状态计算不得超过水泥质量的1%，无筋混凝土中，采用热材料拌制的混凝土，氯盐掺量不得大于水泥质量的3%；采用冷材料拌制时，氯盐掺量不得大于拌合水质量的15%。掺用氯盐的混凝土必须振捣密实，且不宜采用蒸汽养护。

在下列工作环境中的钢筋混凝土中不得掺用氯盐：在高温度空气环境中使用的结构；处于水位升降的结构；露天结构或经常受雨水淋的结构；有镀锌钢材的或铝铁相接触部位的结构；有外露钢筋、预埋件而无防护措施，且与含有酸、碱、硫酸盐等侵蚀性介质相接触的结构；使用过程中经常处于环境温度为60℃以上的结构；使用冷拉钢筋或冷拔低碳钢丝的结构；薄壁结构；中级或重级工作制吊车梁、屋架、落锤或锻锤基础等结构；电解车间或直接靠近直流电源的结构；直接靠近高压的结构；预应力混凝土结构。

2）硫酸钠-氯化钠复合外加剂

硫酸钠-氯化钠复合外加剂由硫酸钠2％、氯化钠1％～2％和亚硝酸钠1％～2％组成。当气温在−5～−3℃时，氯化钠和亚硝酸钠掺量分别为1％；当气温在−8～−5℃时，其掺量分别为2％。这种配方的复合外加剂不能用于高温湿热环境及预应力结构中。

3）亚硝酸钠-硫酸钠复合外加剂

亚硝酸钠-硫酸钠复合外加剂由亚硝酸钠2％～8％、硫酸钠2％组成。气温分别为−3℃、−5℃、−8℃、−10℃时，亚硝酸钠的掺量分别为水泥质量的2％、4％、6％、8％。亚硝酸钠-硫酸钠复合外加剂在负温度下有较好的促凝作用，对钢筋无锈蚀作用。使用亚硝酸钠-硫酸钠复合外加剂时，宜先将其溶解在30～50℃的温水中，配成浓度不大于20％的溶液。施工时混凝土的出机温度不宜低于10℃，浇筑成型后温度不宜低于5℃，在有条件时，应尽量提高混凝土的温度，浇筑成型后应立即覆盖保温，尽量延长混凝土的正温养护时间。

4）三乙醇胺复合外加剂

三乙醇胺复合外加剂由三乙醇胺0.5％、氯化钠0.5％～1％、亚硝酸钠0.5％～1.5％组成。当气温低于−15℃时，还可掺入1.0％～1.5％的氯化钙。三乙醇胺在早期正温条件下起早强作用，当混凝土内部温度下降到 0℃ 以下时，氯盐又在其中起抗冻继续硬化作用。混凝土浇筑入模温度应保持在 15℃ 以上，浇筑成型后应马上覆盖保温，使混凝土在 0℃ 以上温度达到 72h 以上。混凝土冬期掺外加剂施工时，混凝土的搅拌、浇筑以及外加剂的配制必须设专人负责，严格执行规定的掺量。搅拌时间应比常温条件下适当延长，按外加剂的种类及要求严格控制混凝土的出机温度，混凝土的搅拌、运输、浇筑、振捣、覆盖保温应连续作业，减少施工过程中的热量损失。

（6）混凝土冬期施工的人工养护方法

冬期施工混凝土养护方法的原则，应根据当地历年气象资料相近期的气象预报、结构的特点、施工进度要求，原材料及能源情况和施工现场条件等因素综合研究确定。

1）蓄热法

蓄热法是利用加热混凝土组成材料的热量及水泥的水化热，并用保温材料对混凝土加以适当的覆盖保温，使混凝土在正温条件下硬化或缓慢冷却，并达到抗冻临界强度或预期的强度要求。蓄热法养护做法见表 6-14。

蓄热法养护做法　　　　　　　　　表 6-14

序号	项目	要点
1	原理	利用热材料搅拌的混凝土，在浇筑后用保温材料覆盖，使混凝土从搅拌机带来的余热及水泥的水化热不易散发，维持正温养护一定时间，使混凝土达到抗冻临界强度
2	适用范围	适用气温 −10℃ 以上的预制及现浇混凝土工程；对表面系数≤5 的构件或构筑物应优先选用
3	覆盖材料	采用厚草帘、芦苇板、锯末、炉渣等导热系数小的材料；采用模板、刨花板、油毡、棉麻毡、帆布等不透风材料
4	复合做法	掺用外加剂，提高抗冻能力；选用水化热高的硅酸盐水泥或普通水泥，提高混凝土温度；与外部加热法结合使用

序号	项目	要点
5	操作要点	不是连续浇筑的工程，尽量采用上午浇筑、下午气温较高时蓄热的办法，力争提高混凝土的初期强度； 每隔 2~4h 检查一次温度、做好记录，如发现混凝土温度低于施工方案计划的温度，应采取补加覆盖的材料、人工加热等补充措施； 混凝土强度试块，应多备 2~3 组，以供试验； 在严寒季节，如无充分把握，不宜采用蓄热法养护

2) 暖棚法

暖棚法是在被养护构件或建筑的四周搭设暖棚，或在室内用草帘草垫将门窗堵严，采用棚内生火炉，设热风机加热，安装蒸汽排管通蒸汽或热水等热源进行供暖，使混凝土在正温环境下养护至临界强度或预定设计强度。暖棚法由于需要较多的搭盖材料和保温加热设施，施工费用较高。暖棚法养护做法见表 6-15。

暖棚法养护做法　　　　　　　　　　　表 6-15

序号	项目	要点
1	临时取暖	在施工地段搭设临时暖棚，使棚内保持在 5℃ 以上施工； 暖棚通常以竹木或轻型钢材为构架，外墙及屋盖用保温材料或聚乙烯薄膜，内部设置热源
2	多层民用建筑	楼板浇筑后即覆盖保温材料保温； 将建筑物已建好的下层的门窗临时封堵，设置热源，使上一层正在施工的模板保持正温，并按照上一层外界气温调节下一层热源温度
3	热源	通常采用蒸汽、太阳能、电热器等； 如采用火炉热源，必须设排烟装置，以防二氧化碳影响混凝土的性能； 热源如属于干热性质，应同时设置水盆，以提高室内湿度； 热源应均匀布置，使棚内各部位温度保持一致； 应安排专人管理热源，防止火灾发生

暖棚法通用于严寒天气施工的地下室、人防工程或建筑面积不大而混凝土工程又很集中的工程。采用暖棚法养护混凝土时要求暖棚内的温度不低于5℃，并应保持混凝土表面湿润。

3）蒸汽加热法

蒸汽加热法是用低压饱和蒸汽养护新浇混凝土，在混凝土周围造成湿热环境，以加速混凝土硬化的方法。蒸汽加热法种类有内部通气法、毛管法和气套法。

① 内部通气法：即在混凝土内部预留孔道，让蒸汽通入孔道加热混凝土。预留孔道可采用预埋钢管和橡皮管的方法进行，成孔后拨出，蒸汽养护结束后将孔道用水泥砂浆填实。此法节省蒸汽，温度易控制，费用较低，但要注意冷凝水的处理。内部通气法常用于厚度较大的构件和框架结构，是混凝土冬期施工的一种较好的方法。

② 毛管法：在混凝土模板中开好适当的通气槽，蒸汽通过通气槽加热混凝土。

③ 气套法：是在混凝土模板外，增加密闭、不透风的套板，模板与套板中间留出15cm的空隙，通过蒸汽加热混凝土。

由于毛管法和气套法设备复杂，耗气量大，模板损失严重，故很少采用。蒸汽孔道的留设：内部通气法留孔的方法与后张法预应力筋留孔法相似。混凝土终凝后抽出预埋管，形成通气孔洞，再用短管连接蒸汽管道。管道布置的原则是使加热温度均匀，埋设施工方便。留孔位置应在受力最小的部位，孔道的截面积不应超过结构截面积的2.5%。

蒸养温度的规定：硅酸盐及普通水泥拌制的混凝土蒸养温度不得超过80℃，对矿渣水泥和火山灰水泥拌制的混凝土可提高到85～95℃。

降温时间的确定：降温是指混凝土停止蒸汽养护阶段，在降温阶段会引起混凝土失水，表面干缩。如降温过快，内外温差会使混凝土表面产生裂缝，因此降温速度应符合表6-16的规定。

加热养护混凝土的升、降温速度　　表6-16

项次	表面系数	升温速度（℃/h）	降温速度（℃/h）
1	≥6	15	10
2	<6	10	5

蒸汽加热时使用低压饱和蒸汽，加热应均匀，混凝土达到强度后，应排除冷凝水，把砂浆灌入孔内，将预留孔堵死。

4）远红外加热法

远红外加热法是通过热源产生的红外线，穿过空气冲击一切可吸收它的物质分子，当射线射到物质原子的外围电子时，可以使分子产生激烈的旋转和震荡运动发热，使混凝土温度升高从而获得早期强度。由于混凝土直接吸收射线变成热能，因此其热量损失要比其他养护方法小得多。产生红外线的能源有电源、天然气、煤气和蒸汽等。远红外加热适用于薄壁钢筋混凝土结构，装配式钢筋混凝土结构的接头混凝土，固定预埋件的混凝土和施工缝处继续浇筑混凝土等。一般辐射距混凝土表面应大于300mm，混凝土表面温度宜控制在70～90℃。为防止水分蒸发，混凝土表面宜用塑料薄膜覆盖。

（7）混凝土冬期施工的质量检查

1）混凝土温度测定

为了保证冬期施工混凝土的质量，必须对施工全过程的温度进行测量监控。对施工现场环境温度在每天2时、8时、14时、20时定时测量四次，对水、外加剂、骨料的加热温度和加入搅拌机的温度，混凝土自搅拌机卸出时和浇筑时的温度与施工要求不符合时，应马上采取加强保温措施。在混凝土养护期间除按上述规定监测环境温度外，同时应对掺用防冻剂混凝土养护温度进行定点定时测量。采用蓄热法养护时，在养护期间至少每6h测量一次；对掺用防冻剂的混凝土，在强度未达到3.5N/mm² 以前每2h测量一次，以后每6h测量一次，采用蒸汽法时，在升温降温期间每1h测量一次，在恒温期间每2h测量一次。

常用的测温仪有温度计、各种温传感器、电热偶。

2）混凝土的质量检查

冬期施工时，混凝土质量检查除应遵守常规施工的质量检查规定之外，尚应符合冬期施工的规定。要严格检查外加剂的质量和浓度；混凝土浇筑后应增加两组与结构相同条件养护的试块，一组用以检验混凝土受冻前的强度，另一组用以检验转入常温养护28d的强度。混凝土试块不得在受冻状态下试压，当混凝土试块受冻时，对边长为150mm的立方体试块，应在15～20℃室温下解冻5～6h，或浸入10℃的水中解冻6h，将试块表面擦干后进行试压。

2. 夏季施工

我国长江以南广大地区夏季温度较高。月平均气温超过25℃的时间有三个月左右，日最高气温有的高达40℃以上。所以，应重视夏季混凝土的施工。高温环境对混凝土拌合物及刚成型的混凝土的影响见表6-17，混凝土在高温环境下的施工技术措施见表6-18。

高温环境对混凝土拌合物及刚成型的混凝土的影响　表6-17

序号	因素	对混凝土的影响
1	骨料及水温度过高	拌制时，水泥容易出现假凝现象； 运输时，工作性能损失大，振捣或泵送困难
2	成型后直接曝晒或干热	表面水分蒸发快，内部水分上升量低于蒸发量，面层急剧干燥，外硬内软，出现塑性裂缝
3	成型后昼夜温差大	出现温差裂缝

混凝土在高温环境下的施工技术措施　表6-18

序号	项目	施工技术措施及做法
1	材料	掺用缓凝剂，减少水化热的影响； 用水化热低的水泥； 将贮水池加盖，将供水管埋入土中，避免太阳直接曝晒； 当天用的砂石用防晒棚遮盖； 用深井冷水或在水中加碎冰，但不能让冰屑直接加入搅拌机

序号	项目	施工技术措施及做法
2	搅拌	送料设置及搅拌机不宜直接曝晒，应由荫棚遮挡； 搅拌系统尽量靠近浇筑地点； 运送混凝土的搅拌运输车，宜架设外部洒水装置或涂刷反光材料
3	模板	应及时填塞因干缩而出现的模板裂缝 浇筑前应将模板充分淋湿
4	浇筑	适当减少浇筑层厚度，从而减少内部温差； 浇筑后立即用薄膜覆盖，不使水分外溢； 露天预制场宜设置可移动荫棚，避免制品直接曝晒
5	养护	自然养护的混凝土，应确保表面的湿润； 对于表面平整的混凝土表面，可采用涂刷塑料薄膜养护
6	质量要求	主控项目、一般项目和允许偏差值必须符合规范的规定

3. 雨期施工

下雨对混凝土的施工极为不利，雨水会增大混凝土的水胶比，导致其强度降低。刚浇好的混凝土遭雨淋，表面的水泥浆被稀释、冲走，产生露石现象；暴雨还会松动石子、砂粒，造成混凝土表面破损，导致截面削弱，如受损的这一表面为混凝土受拉区，钢筋保护层将被损坏，如阳台、挑瞻板等，从而影响混凝土构件的承载能力。在运输和浇捣过程，雨水会增大混凝土的含水量，改变水胶比，导致混凝土强度降低，刚浇筑好尚处于凝结或硬化阶段的混凝土，强度很低，在雨水冲刷和冲击作用下，将表面的水泥浆冲走，产生露石现象，如遇暴雨还会使砂粒和石子松动，造成混凝土表面破损，导致构件受压截面积的削弱，或受拉钢筋保护层的破坏，影响构件的承载能力。雨季进行混凝土施工时，无论是浇捣、运输过程中的混凝土拌合物，还是刚浇筑好的混凝土，都不允许受雨淋。

在雨期施工混凝土，应做好下列工作：

（1）模板隔离层在涂刷前要及时掌握天气预报，以防隔离层被雨水冲掉。夏季施工多雨，应特别注意收听天气预报，合理调节雨天的进度计划，避免雨天进行室外混凝土的浇筑。

（2）应避免在下雨的时候进行混凝土的施工，如遇小雨，工程没干完，应将运输车和刚浇筑完的混凝土用防雨布盖好，并调整用水量，适当加大水泥用量，使坍落度随浇筑高度的上升而减小，最上一层为干硬性混凝土。

（3）遇到大雨应停止浇筑混凝土，已浇筑部位应加以覆盖，浇筑混凝土时应根据结构情况和可能。多考虑几道施工缝的留设位置。采用滑模施工的混凝土应将模板滑动 1～2 个行程，并在上面盖好防雨苫布。

（4）雨期施工时，应加强对混凝土粗细骨料含水率的测定，及时调整混凝土的施工配合比。对于已遇雨水冲刷的早期混凝土构件，必须进行详细的检查，必要时应采取结构补强措施。

（5）大面积的混凝土浇筑前，要了解 2～3d 内的天气预报，尽量避开大雨。混凝土浇筑现场要预备大量防水材料，以备浇筑时突然遇雨进行覆盖。

（6）模板支撑部位回填要夯实，并加好垫板，雨后及时检查支撑有无下沉。

七、混凝土施工安全与质量控制

（一）混凝土施工安全控制

1. 安全教育

（1）安全教育：必须参加针对施工、"综合治理"项目特点的安全教育。认真贯彻"安全第一"和"预防为主"的方针，安全标准、操作规程和安全技术措施。提高作业人员的安全生产意识和安全防护能力。

（2）加强培训：建筑工程施工作业对专业性强、操作技能高的工种的岗位，严格实行培训合格后持证上岗，分级作业，按工种明确施工作业的对象和技能等级。工程实践证明，机电操作作业、高处作业、深坑作业的工种造成的安全事故占工程施工安全事故的90％以上。

2. 材料运输

（1）作业前应检查运输道路和工具，确认安全。

（2）搬运袋装水泥时，必须按顺序逐层从上往下阶梯式取运，严禁从下抽拿。存放水泥时，垫板应平稳、牢固，必须压碴码放整齐，高度不得超过10袋，水泥袋码放不得靠近墙壁。

（3）使用手推车运输时应平稳推行，不得抢跑，空车应让重车；装运混凝土量应低于车厢5～10cm；向搅拌机料斗内倒砂石时应设挡掩，不得撒把倒料；向搅拌机料斗内倒水泥时，脚不得蹬在料斗上。

（4）运输混凝土小车通过或上下沟槽时必须走便桥或马道，便桥和马道的宽度应不小于1.5m。应随时清扫落在便桥或马道上的混凝土。途经的构筑物或洞口临边必须设置防护栏杆。马道应设防滑条。

(5) 使用汽车、罐车运送混凝土时，现场道路应平整坚实，必须设专人指挥，指挥人员应站在车辆侧面。卸料时，车轮应挡掩。

(6) 垂直运输使用井架、龙门架、外用电梯运输混凝土时，车把不得超出吊盘（笼）以外，车轮挡掩，稳起稳落；用塔吊运送混凝土时，小车必须焊有固定吊环，吊点不得少于 4 个，并保持车身平衡；使用专用吊斗时吊环应固定可靠，吊索具应符合起重机械安全规程要求。

(7) 垂直运输时必须明确联系信号。用提升架运输时，车把不得伸出笼外，车轮应挡掩。中途停车时，必须用滚杠架住吊笼。吊笼运行时，严禁将头或手伸向吊笼的运行区域。用起重机运输时，机臂回转范围内不得有无关人员。

3. 混凝土浇筑与振捣

(1) 浇筑作业必须设专人指挥，分工明确。

(2) 混凝土振动器使用前必须经电工检验确认合格后方可使用。开关箱内必须装设漏电保护端，插座插头应完好无损，电源线不得破皮漏电；操作者必须穿绝缘鞋（胶鞋），戴绝缘手套。

(3) 在沟槽、基坑中浇筑混凝土前应检查槽帮，确认安全后方可作业。

(4) 沟槽深度大于 3m 时，应设置混凝土溜槽，溜槽节间必须连接牢靠，操作部位应设护身栏杆，不得直接站在溜放槽帮上操作，溜放时作业人员应协调配合。

(5) 使用混凝土泵输送混凝土时，应由 2 名以上人员牵引布料杆。管道接头、安全阀、管架等必须安装牢固，输送前应试送，检修时必须卸压。

(6) 浇灌拱形结构，应自两边拱脚对称同时进行；浇灌圈梁、雨篷、阳台应设置安全防护设施。

(7) 浇灌高度 2m 以上的壁、柱、梁、板混凝土应搭设操作平台，不得站在模板或支撑上操作；浇筑人员不得直接在钢筋上踩踏、行走。

（8）预应力灌浆应严格按照规定压力进行，输浆管道应畅通，阀门接头应严密牢固。

（9）向模板内灌注混凝土时，作业人员应协调配合，灌注人员应听从振捣人员的指挥。

（10）浇筑混凝土作业时，模板仓内照明用电必须使用 12V 低压。

4. 混凝土养护

（1）使用覆盖物养护混凝土时，预留孔洞必须按规定设牢固盖板或围栏，并设安全标志。

（2）使用电热法养护应设警示牌、围栏，无关人员不得进入养护区域。严禁折叠使用电热毯，不得在电热毯上压重物，不得用金属丝捆绑电热毯。

（3）浇水养护时，应将水管接头连接牢固，移动皮管不得猛拽，不得倒行拉移胶管。

（4）覆盖物养护材料使用完毕后，应及时清理并存放到指定地点，码放整齐。

（5）蒸汽养护、操作和冬施测温人员，不得在混凝土养护坑（池）边沿站立和行走。应注意脚下和磕绊物等。加热用的蒸汽管应架高或使用保温材料包裹。

5. 混凝土工的安全技术要点

（1）在上岗操作前必须检查施工环境是否符合要求；道路是否畅通，机具是否牢固，安全措施是否配套，"三宝"（安全帽、安全带、安全网）"四口"（通道口、预留洞口、楼梯口、电梯井口）防护用品是否安全。经检查符合要求后，才能上岗操作。

（2）操作用的台、架经安全检查部门验收合格后才准使用。经验收合格后的台、架未经批准不得随意改动。

（3）大、中、小机电设备要有持证上岗人员专职操作、管理和维修。非操作人员一律不准启动使用。

（4）在同一垂直面，遇有上下交叉作业时，必须设有安全隔离层，下方操作人员必须戴安全帽。

（5）高处作业人员的身体，要经医生检查合格后才准上岗。

（6）在深基础或夜间施工时，应设有足够的照明设备，照明灯应有防护罩，并不得用超过 36V 的电压，金属容器内行灯照明不得用超过 12V 的安全电压。

（7）室内外的井、洞、坑、池、楼梯应设有安全护栏或防护盖、罩等设施。

（8）在浇筑混凝土前对各项安全设施要认真检查其是否安全可靠及有无隐患，尤其是模板支撑、操作脚手、架设运输道路及指挥、联络信号等。

（9）各种搅拌机（除反转出料搅拌机外）均为单向旋转进行搅拌，因此在接电源时应注意搅拌筒转向要符合搅拌筒上的箭头方向。

（10）开机前，先检查电气设备的绝缘和接地是否良好，皮带轮保护罩是否完整。

（11）工作时，机械应先启动，待机械运转正常后再加料搅拌，要边加料边加水，若遇中途停机、停电时，应立即将料卸出，不允许中途停机后重载启动。

（12）常温施工时，机械应安放在防雨棚内，冬期施工机械应安放在暖棚内。

（13）非司机人员，严禁开动机械。

（14）搅拌站内，必须按规定设置良好的通风与防尘设备，空气中粉尘的含量不得超过国家标准。

（15）少量混凝土采用人工搅拌时，要采取两人对面翻拌作业，防止铁锹等手工工具碰伤；由高处向下推拨混凝土时，要注意不要用力过猛，以免惯性作用发生人员摔伤事故。

（16）用手推车运输混凝土时，用力不得过猛，不准撒把。向坑、槽内倒混凝土时，必须沿坑、槽边设不低于 10cm 高的车轮挡装置；推车人员倒料时，要站稳，保持身体平衡，并通知下方人员躲开。

（17）在架子上推车运送混凝土时，两车之间必须保持一定距离，并右侧通行，混凝土装车容量不得超过车斗容量的 3/4。

（18）电动机内部或外部振动器在使用前应先对电动机、导线、开关等进行检查，如导线破损、绝缘开关不灵、无漏电保护装置等，要禁止使用。

（19）电动振动器的使用者，在操作时，必须戴绝缘手套、穿绝缘鞋，停机后，要切断电源，锁好开关箱。

（20）电动振动器须用按钮开关，不得用插头开关；电动振动器的扶手，必须套上绝缘胶皮管。

（21）雨天作业时，必须将振捣器加以遮盖，避免雨水浸入电动机导电伤人。

（22）电气设备的安装、拆修，必须由电工负责，其他人员一律不准随意乱动。

（23）振动器不准在初凝混凝土、板、脚手架、道路和干硬的地方试振。

（24）搬移振动器时，应切断电源后进行，否则不准搬、抬或移动。

（25）平板振动器与平板应保持紧固，电源线必须固定在平板上，电气开关应装在便于操作的地方。

（26）各种振动器，在做好保护接零的基础上，还应安设漏电保护器。

（27）使用吊罐（斗）浇筑混凝土时，应经常检查吊罐（斗）、钢丝绳和卡具，如有隐患要及时处理，并应设专人指挥。

（28）浇筑混凝土使用的溜槽及串筒节间必须连接牢固，操作部位应有防护栏杆，不准直接站在溜槽帮上操作。

（29）浇筑框架、梁、柱混凝土时，应设操作台，不得直接站在模板或支撑上操作。

（30）浇筑拱形结构，应自两边拱脚对称同时进行；浇筑圈梁、雨篷、阳台时，应设防护设施；浇筑料仓时，下口应先行封闭，并铺设临时脚手架，以防人员下坠。

（31）不得在养护窑（池）边上站立和行走，并注意窑盖板和地沟孔洞，防止失足坠落。

（32）混凝土外加剂应妥善保管，不得随意接触，更不得食用。

（二）混凝土施工质量控制

1. 原材料质量控制

（1）主控项目

1）水泥进场时应对其品种、级别、包装或散装仓号、出厂日期等进行检查，并应对其强度、安定性及其他必要的性能指标进行复验，其质量必须符合现行国家标准《通用硅酸盐水泥》GB 175—2007 等的规定。

当在使用中对水泥质量有怀疑或水泥出厂超过 3 个月（快硬硅酸盐水泥超过 1 个月）时，应进行复验，并按复验结果使用。钢筋混凝土结构、预应力混凝土结构中，严禁使用含氯化物的水泥。

检查数量：按同一生产厂家、同一等级、同一品种、同一批号且连续进场的水泥，袋装不超过 200t 为一批，散装不超过 500t 为一批，每批抽样不少于一次。

检验方法：检查产品合格证、出厂检验报告和进场复验报告。

2）混凝土中掺用外加剂的质量及应用技术应符合现行国家标准《混凝土外加剂》GB 8076—2008、《混凝土外加剂应用技术规范》GB 50119—2013 等和有关环境保护的规定。

预应力混凝土结构中，严禁使用含氯化物的外加剂。钢筋混凝土结构中，当使用含氯化物的外加剂时，混凝土中氯化物的总含量应符合现行国家标准《混凝土质量控制标准》GB 50164—2011 的规定。

检查数量：按进场的批次和产品的抽样检验方案确定。

检验方法：检查产品合格证、出厂检验报告和进场复验报告。

3）混凝土中氯化物和碱的总含量应符合现行国家标准《混凝土结构设计规范》GB 50010—2010 和设计的要求。

检验方法：检查原材料试验报告和氯化物、碱的总量计算书。

（2）一般项目

1）混凝土中掺用矿物掺合料的质量应符合现行国家标准《用于水泥和混凝土中的粉煤灰》GB/T 1596—2005 等的规定。矿物掺合料的掺量应通过试验确定。

检查数量：按进场的批次和产品的抽样检验方案确定。

检验方法：检查出厂合格证和进场复验报告。

2）普通混凝土所用的粗、细骨料的质量应符合国家现行行业标准《普通混凝土用砂、石质量及检验方法标准》JGJ 52—2006 的规定。

检查数量：按进场的批次和产品的抽样检验方案确定。

检验方法：检查进场复验报告。

3）拌制混凝土宜采用饮用水；当采用其他水源时，水质应符合国家现行行业标准《混凝土用水标准》JGJ 63—2006 的规定。

检查数量：同一水源检查不应少于一次。

检验方法：检查水质试验报告。

2. 配合比设计质量控制

（1）主控项目

混凝土应按国家现行行业标准《普通混凝土配合比设计规程》JGJ 55—2011 的有关规定，根据混凝土强度等级、耐久性和工作性等要求进行配合比设计。对有特殊要求的混凝土，其配合比设计尚应符合国家现行有关标准的专门规定。

检验方法：检查配合比设计资料。

（2）一般项目

1）首次使用的混凝土配合比应进行开盘鉴定，其工作性应满足设计配合比的要求。开始生产时应至少留置一组标准养护试件，作为验证配合比的依据。

检验方法：检查开盘鉴定资料和试件强度试验报告。

2）混凝土拌制前，应测定砂、石含水率并根据测试结果调整材料用量，提出施工配合比。

检查数量：每工作班检查一次。

检验方法：检查含水率测试结果和施工配合比通知单。

3. 混凝土施工质量控制

（1）混凝土施工质量通病及防治

混凝土施工过程中常见的质量通病有构件表面出现蜂窝、麻面、孔洞、露筋、裂缝等，严重的质量问题则表现为结构强度不足。导致上述质量问题的原因较复杂，主要是由于在混凝土施工各环节中操作不当，导致混凝土内部不密实。当混凝土结构强度不足时，则需要拆除已完工混凝土结构，重新施工；而表面质量缺陷则可以通过一定的措施加以修复。常见的修复措施有以下几种：

1）表面抹浆补修

① 对于数量不多的小蜂窝、麻面、露筋、露石的混凝土表面，主要是保护钢筋和混凝土不受侵蚀，可用1：2～1：2.5水泥砂浆抹面修整。在抹砂浆前，需用钢丝刷或加压力的水清洗湿润，抹浆初凝后要加强养护工作。

②对结构构件承载能力无影响的细小裂缝，可将裂缝处加以清洗，用水泥浆抹补。如果裂缝较大较深时，应将裂缝附近的混凝土表面凿毛。或沿裂缝方向凿成深 15～20mm、宽 100～200mm 的 V 形槽，扫净并洒水湿润，先刷水泥净浆一层，然后用1：2～1：2.5水泥砂浆分 2～3 层涂抹，总厚度控制在 10～20mm，并压实抹光。

2）细石混凝土填补

① 当蜂窝比较严重或露筋较明显时，应除掉附近不密实的混凝土和突出的骨料颗粒，用清水洗刷干净并充分浇水湿润后，再用比原强度等级高一级的细石混凝土填补并仔细捣实。

② 对孔洞缺陷的补强，可在旧混凝土表面采用处理施工缝的方法处理。将孔洞处疏松的混凝土和突出的石子凿掉，孔洞顶部要凿成斜面，避免形成死角，然后用水刷洗干净，保持湿润72h后，用比原配合比混凝土强度等级高一级的细石混凝土浇筑捣实，混凝土的水胶比宜控制在 0.5 以内，并掺水泥用量万分之一的铝粉，分层捣实，以免新旧混凝土接触面上出现裂缝。

3）水泥灌浆和化学灌浆

对于影响结构承载力、防渗性的裂缝，为恢复结构的整体性和抗渗性，应根据裂缝的宽度、性质和施工条件等，采用水泥灌浆或化学灌浆方法予以修补。一般对于宽度大于 0.5mm 的裂缝可采用水泥灌浆，宽度小于 0.5mm 的裂缝宜采用化学灌浆。化学灌浆所用的灌浆材料，应根据裂缝性质、缝宽和干燥情况选用。作为补强的灌浆材料。常用约有环氧树脂浆液（0.2mm 以上的干燥裂缝）和甲凝（0.05mm 以上的细微干燥裂缝）等。作为防渗堵漏用的灌浆材料，常用约有丙凝（能灌入 0.01mm 以上的裂缝）和聚氨酯（能灌入 0.015mm 以上的裂缝）。

（2）主控项目

1）结构混凝土的强度等级必须符合设计要求。用于检查结构构件混凝土强度的试件，应在混凝土的浇筑地点随机抽取。取样与试件留置应符合下列规定：

① 每拌制 100 盘且不超过 100m³ 的同配合比的混凝土，取样不得少于一次。

② 每工作班拌制的同一配合比的混凝土不足 100 盘时，取样不得少于一次。

③ 当一次连续浇筑超过 1000m³ 时，同一配合比的混凝土每200m³ 取样不得少于一次。

④ 每一楼层、同一配合比的混凝土，取样不得少于一次。

⑤ 每次取样应至少留置一组标准养护试件，同条件养护试件的留置组数应根据实际需要确定。

检验方法：检查施工记录及试件强度试验报告。

2）对有抗渗要求的混凝土结构，其混凝土试件应在浇筑地点随机取样。同一工程、同一配合比的混凝土，取样不应少于一次，留置组数可根据实际需要确定。

检验方法：检查试件抗渗试验报告。

3）混凝土原材料每盘称量的偏差应符合表 7-1 的规定。

<table>
<tr><td colspan="2" style="text-align:left">原材料每盘称量的允许偏差</td><td style="text-align:right">表 7-1</td></tr>
</table>

材料名称	允许偏差
水泥、掺合料	±2%
粗、细骨料	±3%
水、外加剂	±2%

检查数量：每工作班抽查不应少于一次。

检验方法：复称。

4）混凝土运输、浇筑及间歇的全部时间不应超过混凝土的初凝时间。同一施工段的混凝土应连续浇筑，并应在底层混凝土初凝之前将上一层混凝土浇筑完毕。当底层混凝土初凝后浇筑上一层混凝土时，应按施工技术方案中对施工缝的要求进行处理。

检查数量：全数检查。

检验方法：观察，检查施工记录。

（3）一般项目

1）施工缝的位置应在混凝土浇筑前按设计要求和施工技术方案确定。施工缝的处理应按施工技术方案执行。

检查数量：全数检查。

检验方法：观察，检查施工记录。

2）后浇带的留置位置应按设计要求和施工技术方案确定。后浇带混凝土浇筑应按施工技术方案进行。

检查数量：全数检查。

检验方法：观察，检查施工记录。

3）混凝土浇筑完毕后，应按施工技术方案及时采取有效的养护措施，并应符合下列规定：

① 应在浇筑完毕后的 12h 以内对混凝土加以覆盖并保湿养护。

② 混凝土浇水养护的时间：对采用硅酸盐水泥、普通硅酸盐水泥或矿渣硅酸盐水泥拌制的混凝土，不得少于 7d；对掺用缓凝型外加剂或有抗渗要求的混凝土，不得少于 14d。

③ 浇水次数应能保持混凝土处于湿润状态；混凝土养护用水应与拌制用水相同。

④ 采用塑料布覆盖养护的混凝土，其敞露的全部表面应覆盖严密，并应保持塑料布内有凝结水。

⑤ 混凝土强度达到 1.2N/mm² 前，不得在其上踩踏或安装模板及支架。

⑥ 其他要求：

A. 当日平均气温低于 5℃时，不得浇水。

B. 当采用其他品种水泥时，混凝土的养护时间应根据所采用水泥的技术性能确定。

C. 混凝土表面不便浇水或使用塑料布时，宜涂刷养护剂。

D. 对大体积混凝土的养护，应根据气候条件按施工技术方案采取控温措施。

检查数量：全数检查。

检验方法：观察，检查施工记录。

4. 现浇混凝土结构分项工程质量检验

（1）一般规定

1）现浇结构的外观质量缺陷，应由监理（建设）单位、施工单位等各方根据其对结构性能和使用功能影响的严重程度，按表 7-2 确定。

现浇结构外观质量缺陷表　　　　　表 7-2

名称	现象	严重缺陷	一般缺陷
露筋	结构内钢筋未被混凝土包裹而外露	纵向受力钢筋有露筋	其他钢筋有少量露筋

名称	现象	严重缺陷	一般缺陷
蜂窝	混凝土表面缺少水泥砂浆而形成石子外露	结构主要受力部位有蜂窝	其他钢筋有少量蜂窝
孔洞	混凝土中孔穴深度和长度均超过保护层厚度	结构主要受力部位有孔洞	其他钢筋有少量孔洞
夹渣	混凝土汇总夹有杂物且深度超过保护层厚度	结构主要受力部位有夹渣	其他钢筋有少量夹渣
疏松	混凝土中局部不密实	结构主要受力部位有疏松	其他钢筋有少量疏松
裂缝	裂隙从混凝土表面延伸至混凝土内部	结构主要受力部位有影响结构性能或使用功能的裂缝	其他钢筋有少量不影响结构性能或使用功能的裂缝
连接部位缺陷	构件连接处沪宁图缺陷及连接钢筋、连接件松动	连接部位有影响结构传力性能的缺陷	连接部位有基本不影响结构传力性能的缺陷
外形缺陷	缺棱掉角、棱角不直、翘曲不平、飞边凸肋等	清水混凝土构件有影响使用功能或装饰效果的外形缺陷	其他混凝土构件有不影响使用功能的外形缺陷
外表缺陷	构件表面麻面、掉皮、起砂、沾污等	具有重要装饰效果的清水混凝土表面有外表缺陷	其他混凝土构件有不影响使用功能的外表缺陷

2）现浇结构拆模后，应由监理（建设）单位、施工单位对外观质量和尺寸偏差进行检查，做出记录，并应及时按施工技术

方案对缺陷进行处理。

（2）外观质量

1）主控项目

现浇结构的外观质量不应有严重缺陷。对已经出现的严重缺陷，应由施工单位提出技术处理方案，并经监理（建设）单位认可后进行处理。对经处理的部位，应重新检查验收。

2）一般项目

现浇结构的外观质量不宜有一般缺陷。对已经出现的一般缺陷，应由施工单位按技术处理方案进行处理，并重新检查验收。

（3）尺寸偏差

1）主控项目

现浇结构不应有影响结构性能和使用功能的尺寸偏差。混凝土设备基础不应有影响结构性能和设备安装的尺寸偏差。对超过尺寸允许偏差且影响结构性能和安装、使用功能的部位，应由施工单位提出技术处理方案，并经监理（建设）单位认可后进行处理。对经处理的部位，应重新检查验收。

2）一般项目

现浇结构和混凝土设备基础拆模后的尺寸偏差应符合表 7-3、表 7-4 的规定。

现浇结构尺寸允许偏差和检验方法　　　　表 7-3

项　目			允许偏差（mm）	检验方法
轴线位置	基础		15	钢尺检查
	独立基础		10	
	墙、柱、梁		8	
	剪力墙		5	
垂直度	层高	≤5m	8	经纬仪或吊线、钢尺检查
		>5m	10	经纬仪或吊线、钢尺检查
	全高（H）		$H/1000$ 且≤30	经纬仪、钢尺检查

项 目		允许偏差 （mm）	检验方法
标高	层高	±10	经纬仪或吊线、钢尺检查
	全高	±30	
截面尺寸		+8，−5	钢尺检查
电梯井	井筒长、宽对定位中心线	+25，0	钢尺检查
	井筒全高（H）垂直度	H/1000 且≤30	经纬仪、钢尺检查
表面平整度		8	2m 靠尺和塞尺检查
预埋设施 中心线 位置	预埋件	10	钢尺检查
	预埋螺栓	5	
	预埋管	5	
预留洞中心线位置		15	钢尺检查

注：检查轴线、中心线位置时，应沿纵、横两个方向量测，并取其中的较大值。

混凝土设备基础尺寸允许偏差和检验方法　　表 7-4

项 目		允许偏差 （mm）	检验方法
坐标位置		20	钢尺检查
不同平面的标高		0，20	水准仪或拉线、钢尺检查
平面外形尺寸		±20	钢尺检查
凸台上平面外形尺寸		0，−20	钢尺检查
凹穴尺寸		+20，0	钢尺检查
平安水 平度	每米	5	水平尺、塞尺检查
	全长	10	水准仪或拉线、钢尺检查
垂直度	每米	5	经纬仪或吊线、钢尺检查
	全长	10	
预埋地脚 螺栓	标高（顶部）	+20，0	水准仪或拉线、钢尺检查
	中心距	±2	钢尺检查

项　　目		允许偏差 （mm）	检验方法
预埋地脚 螺栓孔	中心线位置	10	钢尺检查
	深度	＋20，0	钢尺检查
	孔垂直度	10	吊线、钢尺检查
预埋活动 地脚螺栓 锚板	标高	＋20，0	水准仪或拉线、钢尺检查
	中心线位置	5	钢尺检查
	带槽锚板平整度	5	钢尺、塞尺检查
	带螺纹孔锚板平整度	2	钢尺、塞尺检查

注：检查轴线、中心线位置时，应沿纵、横两个方向量测，并取其中的较大值。

参 考 文 献

[1] 中国建筑材料科学研究院 . JC/T 437—2010 自应力铁铝酸盐水泥［S］. 北京：建材工业出版社，2011.

[2] 中国建筑科学研究院 . GB/T 50107—2010 混凝土强度检验评定标准 ［S］. 北京：中国建筑工业出版社，2010.

[3] 中华人民共和国国家质量监督检验检疫总局，中国国家标准化管理委 员会 . GB 175—2007 通用硅酸盐水泥［S］. 北京：中国标准出版 社，2008.

[4] 中华人民共和国国家质量监督检验检疫总局，中国国家标准化管理委 员会 . GB 2938—2008 低热微膨胀水泥［S］. 北京：中国标准出版 社，2008.

[5] 中华人民共和国国家质量监督检验检疫总局，中国国家标准化管理委 员会 . GB/T 14684—2011 建设用砂［S］. 北京：中国标准出版 社，2012.

[6] 中华人民共和国国家质量监督检验检疫总局，中国国家标准化管理委 员会 . GB/T 14685—2011 建设用卵石、碎石［S］. 北京：中国标准出 版社，2012.

[7] 中华人民共和国住房和城乡建设部 . GB 50204—2015 混凝土结构工程 施工质量验收规范［S］. 北京：中国建筑工业出版社，2015.

[8] 尚晓峰 . 混凝土工 . 北京：化学工业出版社，2009.

[9] 姚谨英 . 建筑施工技术［M］. 北京：中国建筑工业出版社，2011.

[10] 中国冶金建设协会 . GB 50496—2009 大体积混凝土施工规范［S］. 北 京：中国计划出版社，2009.

[11] 建设部人事教育司 . 混凝土工，北京：中国建筑工业出版社，2007.

[12] 曹文达，于明 . 混凝土工，北京：金盾出版社，2010.

[13] 彭圣浩 . 建筑工程质量通病防治手册(第四版)［M］. 北京：中国建 筑工业出版社，2014.

[14] 中国建筑科学研究院 . GB 50119—2013 混凝土外加剂应用技术规范 ［S］. 北京：中国建筑工业出版社，2014.